手のひら図鑑 ❻

哺乳類

キム・デニス-ブライアン 監修／伊藤 伸子 訳

化学同人

Pocket Eyewitness MAMMALS
Copyright © 2013 Dorling Kindersley Limited
A Penguin Random House Company

Japanese translation rights arranged with
Dorling Kindersley Limited, London
through Fortuna Co., Ltd., Tokyo
For sale in Japanese territory only.

手のひら図鑑 ⑥
哺 乳 類
2016年11月1日　第1刷発行
2023年 8月1日　第2刷発行

監　修　キム・デニス-ブライアン
訳　者　伊藤伸子
発行人　曽根良介
発行所　株式会社化学同人

〒600-8074　京都市下京区仏光寺通柳馬場西入ル
　TEL：075-352-3373　FAX：075-351-8301

装丁・本文DTP　悠朋舎／グローバル・メディア

JCOPY〈出版者著作権管理機構委託出版物〉
本書の無断複写は著作権法上での例外を除き禁じら
れています．複写される場合は，そのつど事前に，
出版者著作権管理機構（電話 03-5244-5088, FAX
03-5244-5089, email：info@jcopy.or.jp）の許諾を
得てください．

無断転載・複製を禁ず
Printed and bound in China

ⓒ N. Ito 2016
ISBN978-4-7598-1796-6

乱丁・落丁本は送料小社負担にて
お取りかえいたします．

For the curious
www.dk.com

目　　次

- 4 哺乳類ってどんな動物？
- 6 哺乳類の進化
- 8 食べ物
- 10 攻撃と防御
- 12 生息環境
- 14 哺乳類の種類
- 16 保全と絶滅

20 卵生の哺乳類
- 22 卵生の哺乳類
- 24 単孔類

26 有袋類
- 28 有袋類
- 30 オポッサム類
- 32 肉食の有袋類
- 34 バンディクート類、ビルビー類、フクロモグラ類
- 36 そのほかの有袋類

42 有胎盤類
- 44 有胎盤類
- 46 ハネジネズミ類、キンモグラ類、テンレック類
- 48 ツチブタ類、ハイラックス類
- 50 ジュゴン類、マナティー類
- 52 ゾウ類
- 56 アルマジロ類
- 58 ナマケモノ類、アリクイ類
- 60 ウサギ類、ノウサギ類、ナキウサギ類
- 62 げっ歯類
- 70 ツパイ類、ヒヨケザル類
- 72 霊長類
- 84 コウモリ類
- 90 ジムヌラ類、ハリネズミ類、センザンコウ類
- 92 トガリネズミ類、モグラ類、ソレノドン類
- 94 肉食動物
- 120 奇蹄類
- 124 偶蹄類
- 138 クジラ類

- 146 一番の記録
- 148 びっくり記録
- 150 用語解説
- 152 索　引
- 156 謝　辞

大きさ
動物の大きさはおとな（身長 1.8 m）または手（長さ 15 cm）または親指（長さ 4 cm）と並べて図で表しています。

絶滅危惧種
滅んでしまう可能性の高い種については下のような印がついています。

絶滅危惧種

アジアゾウ

哺乳類ってどんな動物？

哺乳類とは体が毛におおわれ、メスの乳腺でつくられる乳で子を育てる動物です。哺乳類には 5,000 種以上のさまざまな動物が含まれます。

特徴

哺乳類は、まわりの温度に関係なく体温を一定に保つことのできる恒温動物（温血動物）だ。ホッキョクグマ（写真）も哺乳類のなかま。哺乳類には、ほかにもよく似た特徴がいくつかある。

どの哺乳類の下あごも歯骨という1個の骨でできている。歯骨は関節で頭蓋骨とつながる。

ほとんどの哺乳類の体には毛がびっしり生えている。このような毛を毛皮、被毛ともいう。毛には体を暖かく保つはたらきがある。

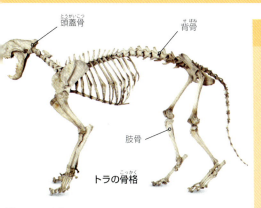

頭蓋骨　背骨　肢骨　トラの骨格

体のつくり

哺乳類には実にさまざまな種がいるが、体をつくる骨はどの種も同じだ。ただし骨の形や大きさは動物によってちがう。たとえばクジラのひれ足の骨はトラの肢骨（上の図）と同じ体の部分をつくる。

特殊な発達をした体

哺乳類はたいてい陸上で生活するが、中には水中で生活したり、空を飛んだりするものもいる。このような哺乳類は何百万年もの時間をかけて進化し、泳いだり飛んだりできる特別な体になった。

クジラ、イルカ、ネズミイルカなど**水生哺乳類**は水中に生息する。陸で暮らしていた祖先の手足から進化したひれ足で泳ぐ。

哺乳類の赤ちゃんは、母親の体でつくられた**乳を飲む**

本当の意味で飛ぶことのできる哺乳類は**コウモリ**だけ。コウモリの翼は体の側部から前肢、指の骨、後肢にかけて広がる2層の皮ふでできている。

哺乳類ってどんな動物？

哺乳類の進化 ほにゅうるいのしんか

哺乳類が誕生したのはおよそ2億2000万年前。その後、さまざまな形態に進化してきました。長い時間をかけて少しずつ変化した体や行動はは虫類の祖先より生存に有利でした。

哺乳類の進化

シノコノドン（右図）など初期の哺乳類は恐竜の支配する世界に生きていた。初期の哺乳類はネズミくらいの大きさで、ほかの動物に気づかれることなく動き回れた。体温を一定に保つことができたうえに、体は毛でおおわれていたため、寒すぎて多くの恐竜が活動できない夜間に狩りをしていた。

歯の進化

は虫類のあごはたくさんの骨でできているが、哺乳類の下あごは歯骨とよばれる1個の骨だけでできている。哺乳類の歯はさまざまな種類に進化した。食べ物にかみつく歯、つかむ歯、引き裂く歯、すりつぶす歯など。一方、は虫類の歯は1種類。食べ物にかみつき、のどに送りこむはたらきしかしない。

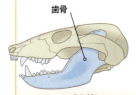

初期のは虫類

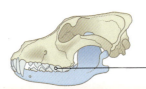

歯骨

初期の哺乳類　現代の哺乳類

つぶすために使われる歯、臼歯

クジラの進化

およそ6500万年前に恐竜が絶滅した。地球上のほとんどの場所から大きな捕食者がいなくなったおかげで哺乳類は繁栄した。やがて少しずつ進化しネズミよりも大きな哺乳類が現れはじめた。クジラの祖先は約5500万年前には陸上を歩いていた。長い時間をかけて前肢はひれ足に、体は長い流線形に進化し、現在のように水中でうまく生活できるようになった。

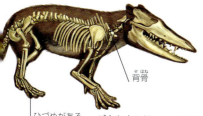

ひづめがある

背骨

パキセタスは5500万年前に生息していたヒツジくらいの大きさの哺乳類

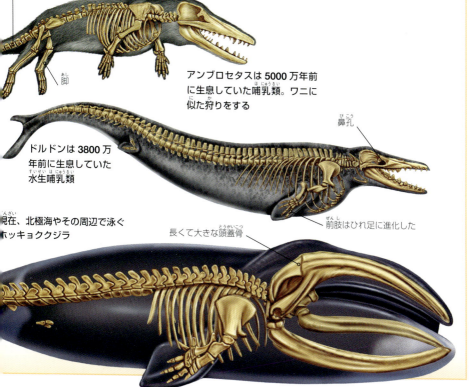

長い尾を使って水中を進む

脚

アンブロセタスは5000万年前に生息していた哺乳類。ワニに似た狩りをする

ドルドンは3800万年前に生息していた水生哺乳類

鼻孔

前肢はひれ足に進化した

現在、北極海やその周辺で泳ぐホッキョククジラ

長くて大きな頭蓋骨

哺乳類の進化 | 7

食べ物

哺乳類は生きていくために必要なエネルギーを食べ物から得ています。植物を食べるもの、動物を食べるもの、どちらも食べるものもいます。たいていの哺乳類は食べ物を毎日さがさなければなりません。食べ物をさがすときには体に備えているさまざまな感覚を利用します。

食べ物をさがす

哺乳類が食べ物を見つけるために使う感覚はさまざまだ。オオカミはかすかなにおいもかぎ分ける。ガラゴはほとんど光のないところでもはっきり見ることができる。モグラはえもののいる場所を感じとる。食べ物を手に入れるために独自の方法をあみだした哺乳類もいる。チンパンジーは小枝を道具にして、巣からシロアリをひっぱり出す。

さまざまな食べ物

多くの哺乳類は決まった種類の食べ物を食べる。たとえば果実、葉、花みつ、死体など。食べ物によって肉食動物、植物食動物、雑食動物に分けられる。

アシカのように肉を食べる動物を**肉食動物**という。

植物を食べる動物を**植物食動物**という。植物は栄養に乏しいので、ウシなど植物食動物が十分な栄養を得るためには大量に食べなければならない。植物も肉も食べる動物は**雑食動物**とよばれる。

食べ物の貯蔵

ハムスターやシマリスなどは、食べ物が不足する季節に備えて食べ物を貯蔵する。ヒョウは、ハイエナのような地上をうろつく捕食者にえものを横取りされないよう、しとめたあとは木の上まで運んで保存する。

食べかけのトビカモシカの死体。重さ40kgのものもある

食べ物 | 9

攻撃と防御 こうげきとぼうぎょ

多くの哺乳類にとって自然界は危険に満ちています。捕食者にいつおそわれるのか、わからないからです。捕食者はねらったえものを追いかけ、かぎ爪や歯でしとめます。えものとなる哺乳類にとって一番の策は逃げること。また群れで移動するという行動が守りにつながる場合もあります。

高速のハンター

捕食者の中にはえものを待ちぶせしておそうものもいるし、えものを高速で追いかけるものもいる。走るのがもっとも速い捕食者はチーター。ガゼルなどを最高時速114kmで追いかける。十分に近づくとえものを引き倒し、のどにかみついて窒息させる。

殺傷兵器

捕食性哺乳類は体の一部をまるで殺傷兵器のように使ってえものをおそい殺す。トラなど大型ネコ科動物の兵器は、えものをしっかりつかまえておく鋭いかぎ爪、えものを突く大きな犬歯、死体の肉を切り裂くために端が刃のようになっている臼歯だ。

トラの舌には後ろ向きに生えた小さな突起がたくさんあり、骨についた肉をそぎ落とすのに役立つ

数で守る

群れ生活のおかげで捕食者から逃れられることもある。ハンターに追いかけられるとシマウマの群れはいっせいに逃げる。そのようすがハンターの目にはたくさんの動く線に見える。混乱したハンターは狙っていたはずの1匹を見失う。

生息環境 せいそくかんきょう

哺乳類が生活する環境を生息環境といいます。哺乳類の生息環境は熱帯林、砂漠、草原などの陸地や、海にも広がっています。

高い山では空気中の酸素が少ないため、動物は呼吸をしづらい。シロイワヤギは酸素の少ない空気からでもたくさん酸素をとりこめるように、赤血球の量が多い。

孤立した哺乳類

キツネザルはマダガスカルにしか生息していない。サルも類人猿もいないマダガスカルでは食べ物や資源をめぐる争いがほとんどなかったため、キツネザルは繁栄してきた。大きな体に成長する種もいた。絶滅したキツネザル種の中にはゴリラより大きなものもいた。

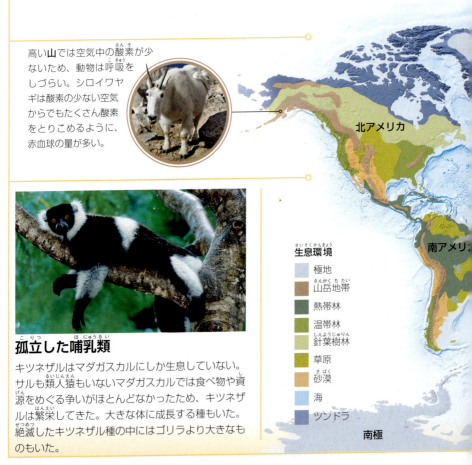

北アメリカ

南アメリカ

生息環境
- 極地
- 山岳地帯
- 熱帯林
- 温帯林
- 針葉樹林
- 草原
- 砂漠
- 海
- ツンドラ

南極

温帯林の木はたいてい冬に葉を落とし、春に新たな葉を生長させる。アカシカは冬には木の皮、夏には新しい葉を食べる。

極地の夏は短くて寒い。冬は長く、凍りつくようだ。ホッキョクグマは厚い毛でおおわれているので、このような気候の中でも体を暖かく保つことができる。

ヨーロッパ

アジア

シロイルカは流線形の体のおかげで、**海**を自在に泳ぎ回ることができる。

アフリカ

オーストラリア

高温の**砂漠**に生息するヒトコブラクダの明るい色の皮ふは太陽光をいくらか反射して、熱の吸収をできるだけ少なくするはたらきをする。

熱帯林の木はとても高く生長し、びっしり葉をつける。フォッサは上手に木に登り、生い茂る葉の中で狩りをすることが多い。

草原に哺乳類がかくれるような場所はない。追う捕食者にとっても、逃げるえものにとっても速く走ることがたいてい最善の策となる。カンガルーは危機を脱するために時速60kmで跳び去る。

生息環境 | 13

哺乳類の種類 ほにゅうるいのしゅるい

現在生息している哺乳類は29の目に分類されます。目とは生物学の分類で、近い関係にある科をひとつにまとめたグループです。哺乳類の目はさらに、繁殖方法により三つのグループ（卵生の単孔類、有袋類、有胎盤類）にまとめられます。

```
                    哺乳類
          ┌───────────┴───────────┐
    卵生の哺乳類                 有袋類
    卵を産む。          未発達の状態で生まれ、母親の体に
                        ついている袋の中で成長する。
        │                      │
      単孔目                 ┌─ オポッサム目
                             ├─ フクロネコ目
                             ├─ バンディクート目
                             ├─ フクロモグラ目
                             ├─ カンガルー目
                             ├─ ケノレステス目
                             └─ ミクロビオテリウム目
```

単孔目ハリモグラ科には4種の現生種がいる。**ハリモグラ**（写真）もその一種。

アカクビヤブワラビーはカンガルーと近い関係にある。

現生するツチブタ目には**ツチブタ**しかいない。

有胎盤類
母親の体内の子宮で十分に発育してから生まれる。子宮では胎盤を通じて栄養を得る。

- ハネジネズミ目
- アフリカトガリネズミ目
- ツチブタ目
- ハイラックス目
- ジュゴン目
- ゾウ目
- 被甲目
- 有毛目
- ウサギ目
- げっ歯目
- ツパイ目
- ヒヨケザル目
- 霊長目
- コウモリ目
- ハリネズミ目
- センザンコウ目
- トガリネズミ目
- 食肉目
- 奇蹄目
- 偶蹄目
- クジラ目

ボノボは類人猿。霊長目に分類される。

ゴールデンハムスターはげっ歯目。

シャチはクジラ目の一種。

アルパカは偶蹄類。

哺乳類の種類 | 15

保全と絶滅 ほぜんとぜつめつ

野生の哺乳類の多くは違法な狩猟や無計画な森林伐採、人間の活動が引き起こした生息地の変化などの犠牲になっています。現在、地球上の哺乳類の5分の1以上が絶滅の危機にあり、あと数年でさらに増えることが予想されています。

絶滅した哺乳類

人間が直接はたらきかけて絶滅に追いこんだ哺乳類がいる。オーストラリアではフクロオオカミ（タスマニアン・タイガー）が家畜のヒツジをおそっていると誤解され駆除されるようになり、1936年、最後の1匹が死んで絶滅した。フクロオオカミが食べていたのはワラビーなど小型の哺乳類だった。

絶滅の危機にある哺乳類

1948年に結成された国際自然保護連合（IUCN）では野生動物とその生息地を保護するために、さまざまな活動を行っている。レッドリストの作成もそのひとつ。レッドリストとは、直面している絶滅の危機の程度に基づいて動物を分類したリストで、定期的に発表される。将来、滅んでしまう可能性の高い種を「絶滅危惧種」、あと少しで滅ぶと推測される種を「絶滅寸前種」に分類する。

クロサイは絶滅寸前種。角を手に入れるためにクロサイを殺す密猟者がいる。角は薬の材料とされる。

保全

絶滅の危機にある哺乳類を組織や個人が救い出し、より安全な環境に移した結果、生存、繁栄している事例も多い。たとえば国立公園はたくさんの動物の自然生息地を守り、違法な狩猟などの脅威から動物を救っている。

哺乳類の保護

右の写真はオランウータンといっしょに腰を下ろしている科学者ジェーン・グドール。グドールは 45 年にわたるチンパンジー研究を経て、類人猿をはじめとする動物の生息地保護に取り組むジェーン・グドール研究所を設立した。

アメリカアカオオカミは絶滅寸前種。かつて北アメリカでは家畜をおそう害獣として駆除された。

アフリカでは**ヒガシゴリラ**の生息する森で木の伐採が進み、ヒガシゴリラの数が減った。現在は絶滅危惧種となっている。

ヨーロッパに生息する**スペインオオヤマネコ**はおもにウサギを食べる。ウサギの生息数の減少とともに絶滅寸前種になった。

現在、野生に生息する
ジャイアントパンダの数はわずか
1,600 頭

ジャイアントパンダ 1961年以来、ジャイアントパンダはWWF(世界自然保護基金)のマークに使われている。ジャイアントパンダは絶滅危惧種。生息地である中国の森が、農地開拓や林業のために破壊されている。

卵生の哺乳類

らんせいの ほにゅうるい

ハリモグラ（左写真）などの単孔類(たんこうるい)はニューギニア、オーストラリア、タスマニアのさまざまな生息環境(せいそくかんきょう)で生活しています。単孔類は卵(たまご)を産む哺乳類からなる小さなグループで、卵生の哺乳類ともよばれます。卵生の哺乳類は単孔類だけです。卵からふ化すると母親の乳腺(にゅうせん)でつくられた母乳(ぼにゅう)を飲んで育ちます。

敏感(びんかん)なくちばし カモノハシはくちばしにある電気の受容体(じゅようたい)を利用して、にごった水の中でも無脊椎(むせきつい)動物(どうぶつ)を見つける。

卵生の哺乳類 | 21

卵生の哺乳類 らんせいのほにゅうるい

卵生の哺乳類は単孔類ともよばれます。名前のとおり消化器系、泌尿器系、生殖器系が一つの穴（排泄腔）につながっています。単孔類は哺乳類のもっとも古いグループのひとつで、1億2000万年前に進化したと考えられています。

めずらしい特徴

ほかの哺乳類とは異なり、単孔類にははは虫類の祖先とよく似た特徴がいくつかある。肩の骨のつくりははは虫類と似ている。やわらかいからに包まれた卵を産む。変わった形の鼻を使って食べ物をさがす。単孔類の成体には歯がなく、口の中の骨でできた板やとげで食べ物をすりつぶす。

単孔類の鼻孔は変わった形のくちばしについている。カモノハシは平たいくちばし、ハリモグラは管のようなくちばしをもつ。

生　殖

単孔類のメスは交尾後およそ3週間で卵を産む。カモノハシは3個前後の卵を巣穴で産む。ハリモグラは母親の体に一時的にできる袋で卵を育てる。

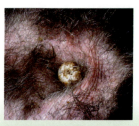

ハリモグラのメスは小さくて表面ががさがさな卵を腹部の袋に入れて育てる。

食べ物をさがす

単孔類の食べ物のさがし方は種によってちがう。短いくちばしのハリモグラは管状の鼻で地面をつつき、かぎ爪で食べ物を掘り出す。また粘着性のあるだ液でおおわれた長い舌を使ってアリやシロアリをつかまえる。

カモノハシ

単孔類は**四肢が短い**。たいていの哺乳類は四肢が体の下につくが、単孔類は横につくため、歩く姿はワニに似る。

産卵後10日で卵を破り出てきた子は引き続き袋の中で生活する。母乳のしみ出てくる場所から乳をなめて育つ。

55日がすぎると袋から出て、巣穴で生活するようになる。母親はおよそ7か月間、子の世話をする。

単孔類

単孔目に含まれる哺乳類を単孔類といいます。単孔目はわずか5種（カモノハシ1種とハリモグラ4種）の単孔類からなる小さなグループです。は虫類のようにやわらかいからの卵を産む、めずらしい哺乳類です。

ハリモグラ
Tachyglossus aculeatus

頭から背中、尾まで長く鋭いとげがおおう。危険がせまると、とげを突き出したままボールのように丸まる。丸まることで、たいていの捕食者から身を守ることができる。

大きさ　体長30～45cm
食べ物　アリ、シロアリ、甲虫の幼虫、ミミズ
生息環境　森林、砂漠、サバンナ
分布　オーストラリア、ニューギニア

とげだらけの外観から英語ではSpiny anteater（トゲアリクイ）ともよばれる

ナガハシハリモグラ
Zaglossus bartoni

絶滅危惧種

長さ20cm以上にもなる特徴的な鼻をもつ。鼻の先端には小さな口がある。歯はなく、上あごと舌の裏側に生える小さなとげでえものをすりつぶしてから飲みこむ。

大きさ 体長60〜100cm
食べ物 ミミズ
生息環境 山、森林、草原
分布 ニューギニア

カモノハシ
Ornithorhynchus anatinus

ほとんどの哺乳類は毒をもたないが、カモノハシのオスは毒をもつ。後肢の鋭い蹴爪に毒腺があり、身を守るため、また繁殖期にはライバルのオスと戦うために毒を使う。

大きさ 体長40〜60cm
食べ物 甲殻類、ミミズ、軟体動物
生息環境 湿地、川、小川
分布 オーストラリア東部、タスマニア

アヒルのようなくちばし

蹴爪

有袋類 ゆうたいるい

カンガルーは有袋類です。有袋類とは、あまり発育していない段階(だんかい)で子を産み、しっかり成長するまで母親の袋(ふくろ)の中で母乳(ぼにゅう)で育てる哺乳類(ほにゅうるい)です。母親の腹(はら)の袋は育児嚢(いくじのう)とよばれます。

キミドリリングテイル
キミドリリングテイルはオーストラリア北東部に生息する夜行性(やこうせい)のポッサム。

有袋類 ゆうたいるい

有袋類にはさまざまな種が含まれます。バンディクート、カンガルー、オポッサム、コアラをはじめ300種以上がいます。有袋類はおもにオーストラリア、ニュージーランド、ニューギニア、南アメリカに生息しています。キタオポッサムだけは北アメリカでも見られます。

有袋類ってどんな動物？

有袋類はとても早い発育段階で子を産む。ほとんどの有袋類の場合、未熟な子は母親の袋の中で母乳を飲んで成長する。

赤ちゃんカンガルーはジョーイとよばれる。生後数か月で母親の袋から外をのぞくようになる。6か月ほどすると、袋から出て外ですごす時間が長くなる。

多くの有袋類と異なり、**マウスオポッサム**には袋がない。子は母親の腹部にある乳首にくっつく。

生殖

有袋類の子は発達した前肢と鼻孔をもって生まれる。生まれてすぐに前肢を使って袋の中をはい、嗅覚を頼りに乳首をさがす。

ワラビーの赤ちゃんは目が見えず、毛が生えていない。産門からはい出て袋に向かう。

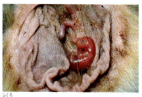

袋にたどり着くと、赤ちゃんは自分で乳首にくっつき母乳を吸う。

オーストラリアの哺乳類

数千万年前、大陸がまだつながっていたころに有袋類は南アメリカからオーストラリアへ移動した。やがてオーストラリアと南アメリカが離れ、オーストラリアの有袋類は孤立し、独自の進化を始めた。

有袋類の分布図

オーストラリア

タスマニア

有袋類
- タスマニアデビル
- コアラ
- アカカンガルー

オポッサム類

オポッサム目には約 90 種のオポッサム類がいます。オポッサム類はすべて南北アメリカ大陸に生息しているためアメリカン・オポッサムともよばれます。体の大きさは小型から中型で、鼻は長く、四肢は短いです。長い尾はうろこ状の皮ふでおおわれています。

ナミマウスオポッサム
Marmosa murina

ナミマウスオポッサムの尾はとても長い。体よりも長く、13.5 〜 21cm ほどになる。尾を木や小枝などに巻きつけしっかりつかむ。尾を使って木に登ったり、巣づくりに使う小枝を運んだりする。

大きさ 体長 11 〜 14.5cm
食べ物 昆虫、小型のは虫類、鳥類、果実
生息環境 熱帯林
分布 南アメリカ

母親の体にくっついた赤ちゃん

びっくりするとかたまる。さわられただけでも動かなくなる。

キタオポッサム
Didelphis virginiana

キタオポッサムの死んだふり作戦はよく知られる。捕食者から逃れるために死んだふりをする。目と口を開けたまま、体の片側を下にして横たわる。たいていの捕食者は生きたえものを食べるため、「死んだ」オポッサムには手を出さない。

大きさ 体長 33 〜 50cm
食べ物 果実、昆虫、腐肉
生息環境 森、林地、草原、人間の居住地
分 布 北アメリカ、中央アメリカ

ミズオポッサム
Chironectes minimus

ほとんどの時間を水の中ですごす唯一の有袋類。後肢には水かきがあり、すいすい泳ぐ。水をはじく体毛がびっしり生える。

大きさ 体長 26 〜 40cm
食べ物 魚類、カエル、カニ、昆虫
生息環境 川、小川
分 布 中央アメリカ、南アメリカ

ヨツメオポッサム
Philander opossum

額に白い斑がある。目が四つあるように見えるため、捕食者を怖がらせて追いはらうはたらきをすると考えられる。

大きさ
　体長 25 〜 35cm
食べ物 葉、果実、鳥類、ミミズ
生息環境 熱帯林
分 布
　中央アメリカ、南アメリカ

肉食の有袋類

肉食の有袋類はあごが強く、犬歯がよく発達しています。足の親指以外のすべての指に鋭いかぎ爪がついています。肉食の有袋類はフクロネコ目に含まれます。フクロネコ目にはおよそ70種がいて、ほとんどがオーストラリアに生息しています。

フクロアリクイ
Myrmecobius fasciatus

おもにシロアリを食べる。フクロアリクイは強力な前足と大きなかぎ爪を使ってシロアリの巣を裂き、長さ10cmにもなる長い舌でシロアリをなめつくす。

大きさ 体長 20 〜 28 cm
食べ物 シロアリ
生息環境 温帯林
分布 オーストラリア

フクロネコ
Dasyurus viverrinus

冬の初めに繁殖する。メスは一度に24匹ほど子を生むが、腹部の袋には乳首が6個しかない。乳首にしがみついた子だけがなんとか生きのび、残りは命を落とす。

大きさ 体長 28 〜 45 cm
食べ物 おもに小型の哺乳類
生息環境 森林、林地、草原、農地
分布 タスマニア

絶滅危惧種

背中にしま模様

オブトスミントプシス
Sminthopsis crassicaudata

食べ物が乏しくなると、保温とエネルギー節約のため一か所に集まる。すると食べ物と水を、通常必要な量の4分の1で生きのびることができる。

大きさ 体長6〜9cm
食べ物 甲虫の幼虫、ミミズ、ほかの無脊椎動物
生息環境 砂漠、草原、林地
分布 オーストラリア

タスマニアデビル
Sarcophilus harrisii

絶滅危惧種

大きな死体に数匹で群がり、いっしょに食べることが多い。強いあごで死んだ動物の皮ふを引き裂き、骨を砕く。肉をむさぼっている間はおたがいにうなり声をあげるが、攻撃しあうことはない。

大きさ 体長52〜80cm
食べ物 小型の哺乳類、鳥類、腐肉
生息環境 森林、林地、農地
分布 タスマニア

肉食の有袋類

バンディクート類、ビルビー類、フクロモグラ類

バンディクート目には21種のバンディクート類とビルビー類、フクロモグラ目には2種のフクロモグラ類が含まれます。バンディクート目とフクロモグラ目につながりはありませんが、どちらも土の中の無脊椎動物を見つけ出すのによく適応した有袋類です。

フクロモグラ
Notoryctes typhlops

食べ物をさがして軽い砂の中をすばやく移動する。外耳と目がないため、嗅覚と触覚をたよりにえものをつかまえる。

大きさ 体長 12～18 cm
食べ物 ミミズ、甲虫の幼虫、ムカデ、小型のは虫類
生息環境 砂漠、草原
分布 オーストラリア

ミミナガバンディクート
Macrotis lagotis

聴覚がとても鋭い。大きな耳は体の熱を放射して体温を調節する役割も果たす。砂漠で生活するが水を飲まない。必要な水分はすべて食べ物からとりこむ。

大きさ 体長 30～55 cm
食べ物 昆虫、果実、キノコ類
生息環境 砂漠、草原
分布 オーストラリア

トゲバンディクート
Echymipera kalubu

単独で生活し、ほかの個体といっしょにいるのは交尾の短期間だけ。とても攻撃的でなわばり意識が強い。ほかの個体がなわばりに入るときまってけんかになる。

大きさ 体長 20 〜 50cm
食べ物 昆虫、ミミズ、果実
生息環境 熱帯林
分布 ニューギニア

ハナナガバンディクート
Perameles nasuta

地面の上で食べ物をさがす。鋭いかぎ爪を使って地面を掘り、細く突き出た鼻をえものに届くまで土の中に突っこむ。

大きさ 体長 31 〜 42cm
食べ物 昆虫、ミミズ、トカゲ、ネズミ
生息環境 熱帯雨林、林地
分布 オーストラリア

ヒガシシマバンディクート
Perameles gunnii

哺乳類の中では妊娠期間が短い。子は 12 日で生まれる。とても早く成長し、60 日ほどで母親の腹部の袋を出る。

大きさ 体長 27 〜 35cm
食べ物 おもにミミズなどの無脊椎動物
生息環境 森、草原、農地
分布 オーストラリア

バンディクート類、ビルビー類、フクロモグラ類

そのほかの有袋類

カンガルー目は 100 種以上を含む、有袋類で一番大きな目です。オーストラリア、ニュージーランド、ニューギニア、周辺の島々に生息しています。

ここに注目！
体の大きさ
「そのほかの有袋類」でとりあげる有袋類の体の大きさはさまざまだ。

▲ チビフクロモモンガは世界でもっとも小さい滑空するポッサム。体長 13.5～16cm、体重は 15g しかない。

▲ アカカンガルーは世界でもっとも大きな有袋動物。身長は 1.8m、体重は 90kg にもなる。

コアラ
Phascolarctos cinereus

クマのような外観の有袋類。ユーカリの葉だけを食べる。ユーカリの葉は毒性がとても強いが、コアラの小腸にはユーカリの毒を分解する細菌がいる。

大きさ 体長 65～82cm
食べ物 ユーカリの葉
生息環境 温帯林
分布 オーストラリア東部

ミナミケバナウォンバット
Lasiorhinus latifrons

長さ30mにもおよぶ巣穴で、5〜10匹がいっしょにすごす。皮ふの厚い臀部で巣穴の入口をふさぎ、捕食者に対抗する。

大きさ 体長77〜95cm
食べ物 草、広葉草本
生息環境 草原
分布 オーストラリア南部

フクロギツネのなかま
Trichosurus cunninghami

体に11のにおい腺がある。なわばりににおいで印をつけたり、繁殖期にはにおいを手がかりに相手を見つけたりする。

長い尾

大きさ 体長40〜50cm
食べ物 果実、葉、花
生息環境 熱帯林、温帯林
分布 オーストラリア南東部

フクロモモンガ
Petaurus breviceps

木から木へすべるように飛ぶ。前足と足首の間に薄い皮ふの膜がはり、空中を滑空するときにパラシュートのような役目をする。長くふさふさした尾は安定性をあたえると同時に、滑空するときには方向を変えるはたらきをする。

大きさ 体長6.5〜8cm
食べ物 ユーカリの樹液
生息環境 温帯林
分布 オーストラリア、インドネシア、ニューギニア

チビフクロヤマネ
Cercartetus lepidus

尾は体長より長く、体重を支えることができる。チビフクロヤマネは尾を使って低木にぶら下がる。

大きさ 体長5〜6.5cm
食べ物 昆虫、トカゲ
生息環境 温帯林
分布 オーストラリア、タスマニア

そのほかの有袋類 | 37

クロカンガルー
Macropus fuliginosus

メスをめぐりオスどうしで戦う。また食べ物や休息場所が不足しているときも戦う。腕をしっかり構えて、おたがいを押しのけたり、背をそらせて後ろ足で相手をけったりする。

大きさ 体長 0.9 〜 1.4m
食べ物 草、葉
生息環境 温帯林、草原
分布 オーストラリア南部

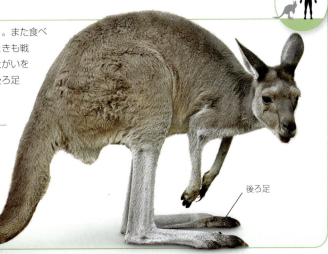

後ろ足

フサオネズミカンガルー
Bettongia penicillata

 絶滅危惧種

巻きつける（つかむ）のに適した尾で、巣をつくるための材料を運ぶ。じゃまされると頭を下に曲げ、尾を地面と平行にして、高速で跳び去る。

大きさ 体長 30 〜 38cm
食べ物 菌類、根、球根、塊茎、ミミズ
生息環境 温帯林
分布 オーストラリア南西部

ドリアキノボリカンガルー
Dendrolagus dorianus

細心の注意をはらい、枝に登る。広がった短い足と長い爪で枝をつかみ、尾を使って安定した状態を保つ。

木の上で生活する有袋類の中では一番重いが、9m離れた枝まで簡単に飛び移ることができる。

大きさ 体長 51〜78cm
食べ物 葉、芽、花、果実
生息環境 熱帯林
分布 ニューギニア

ニオイネズミカンガルー
Hypsiprymnodon moschatus

多くのカンガルーは後ろ脚を使って跳ぶが、ニオイネズミカンガルーは4本の脚で跳び上がる。後ろ足の足裏には溝があり、走るときに地面をしっかりつかむ。

大きさ 体長 16〜28cm
食べ物 果実、木の実、種子、菌類
生息環境 熱帯林
分布 オーストラリア

赤茶色の毛

フクロミツスイ
Tarsipes rostratus

体重がとても軽く、花みつや花粉を食べるために花の中に入りこむ。先がブラシ状になっている、長さ2.5cmの舌を使って食べ物をなめる。

大きさ 体長 6.5〜9cm
食べ物 花粉、花みつ
生息環境 温帯林
分布 オーストラリア

そのほかの有袋類 | 39

コアラは毎日最高で
21 時間も眠る

飼育されているコアラ 野生のコアラは広い範囲のユーカリの木を「家」にしている。たいてい1匹ずつの「家」で生活し、ほかのコアラとはあまり会わない。会うとすれば「家」が重なる場所くらい。飼育されているコアラは集団でいることがある。

有胎盤類

ゆうたい
ばんるい

胎盤をもつ哺乳類は1億2500万年ほど前に誕生しました。現在では世界中に生息し、哺乳類の中でもっとも大きなグループをつくっています。左写真のクロヒョウも有胎盤類です。有胎盤類は卵ではなく子を産みます。母親の体内にいるときは、胎盤とよばれる器官を通して栄養を受け取り成長します。

水中の有胎盤類
有胎盤類はさまざまな環境で生息する。イルカは水中での生活によく適応し、水の中で子を産む。

有胎盤類 ゆうたいばんるい

有胎盤類にはクジラ、ゾウ、イヌ、人間など約 5,200 種が含まれます。有胎盤類は生まれる前に一定の期間（妊娠期間）、母親の子宮の中で育ちます。

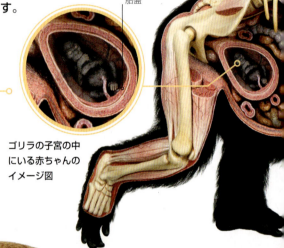

胎盤

ゴリラの子宮の中にいる赤ちゃんのイメージ図

胎盤とは？

胎盤は子宮の壁の内側に、妊娠期間中だけ発達する器官。子宮の中で成長する子に、母親の体からの栄養と酸素をわたす。

一度に産む子の数

哺乳類が一度に産む子どもを同腹仔という。同腹仔の数は哺乳類によって異なり、馬のような大型種は妊娠期間が長く、1匹か2匹しか産まない。犬のような小型種では一度に10匹ほど産むこともある。

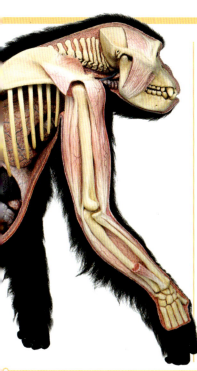

社会集団

有胎盤類のつくる社会集団の形は種によってちがう。オス、メス、産まれて間もない子からなる家族で生活する種もいれば、ヒヒのように1匹のオスまたはメスが支配する大きな集団をつくる種もいる。またふだんは単独で生活し、交尾の時期だけいっしょになる種もいる。

生殖

有胎盤類はよく発育した状態で産まれるが、その中でもさらに体がしっかりでき上がっている種もいる。大型哺乳類は生まれて1時間のうちに歩くことができる。小型の哺乳類はほとんど何もできない状態で産まれ、産まれてから毛を生やし、視力と聴力を獲得する。

馬は生まれてすぐに自分の足で立ち、乳を飲むことができる。

産まれたばかりのげっ歯類は見ることも聞くことも立つこともできず、完全に母親に頼ってすごす。

ハネジネズミ類、キンモグラ類、テンレック類

ハネジネズミ類はハネジネズミ目に属し、15種ほどが含まれます。キンモグラ類とテンレック類、合わせて53種はアフリカトガリネズミ目に含まれます。ハネジネズミ類、キンモグラ類、テンレック類はアフリカとマダガスカルにのみ生息しています。

テングハネジネズミのなかま
Rhynchocyon udzungwensis

森林からサバンナ、砂漠まで広い生息環境で生活する。2005年、タンザニアのウズングワ山脈で発見された。現在のところウズングワ山脈でしか確認されていない。この種はほかのハネジネズミより大きく、色鮮やかな毛と灰色の顔で区別できる。

大きさ 体長30〜32cm
食べ物 おもに昆虫
生息環境 熱帯林、山
分布 アフリカ東部

ハリテンレック
Setifer setosus

体をおおう先端の白いとげとざらざらした毛はハリネズミに似る。ハリネズミと同じく危険を感じると体を丸めてとげだらけのボールのようになる。ハリネズミは夜行性だが、テンレックは日中活動する。

大きさ 体長 15 〜 22cm
食べ物 無脊椎動物、小型のは虫類、果実
生息環境 熱帯林、草原
分布 マダガスカル

ジュリアナキンモグラ
Neamblysomus julianae

絶滅危惧種

キンモグラはすべて穴居性動物（穴を掘る動物）だ。ジュリアナキンモグラは地下で生活し、トンネルを掘るというよりも、歩きながらゆるい砂状の土を押し分けて前に進む。

大きさ 体長 10 〜 13cm
食べ物 昆虫、ミミズ、カタツムリ
生息環境 乾いた草の生える高地
分布 南アフリカ

ツチブタ類、ハイラックス類

ブタに似たツチブタ類はツチブタ目に含まれ、1種しか存在しません。ツチブタの成体の臼歯はすり減るため成長し続けます。ウサギに似たハイラックス類はハイラックス目に含まれます。ハイラックス目はツチブタ目とはつながりがなく、イワダヌキ目ともよばれます。ハイラックス類には4種が存在します。

ツチブタ
Orycteropus afer

ツチブタは穴堀り名人。強力なかぎ爪を使って長さ10mにおよぶ巣穴を掘る。長い舌でアリやシロアリを土から巻き上げて食べるとき、鼻孔近くにびっしり生える毛が土ぼこりを取り除く。

大きなかぎ爪のついた足

ケープハイラックス
Procavia capensis

多くが4〜40匹でコロニーをつくり、複雑な社会生活をする。コロニーを率いるのは1匹のオス。リーダーのオスはコロニーを守り、危険がせまると歌うような鳴き声をあげてなかまに教える。

大きさ 体長30〜58cm
食べ物 葉、枝、樹皮、幹
生息環境 山、草原、砂漠
分布 アフリカ、アジア西部

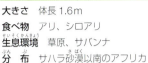

大きさ 体長 1.6m
食べ物 アリ、シロアリ
生息環境 草原、サバンナ
分布 サハラ砂漠以南のアフリカ

ツチブタの後ろ足にはつま先が5本ある。前足には4本しかない。

キボシイワハイラックス
Heterohyrax brucei

岩の多い生息地にうまく適応している。足裏の肉球はやわらかく、汗腺からの分泌液で湿っている。キボシイワハイラックスの肉球は足のクッションとなり、岩だらけの場所でも難なく動けるようなはたらきをする。

大きさ 体長 30〜38cm
食べ物 おもに草、果実
生息環境 岩場
分布 アフリカ

ジュゴン類、マナティー類

ジュゴン類とマナティー類はジュゴン目に含まれる、植物を食べる海生哺乳類です。ジュゴン類には1種、マナティー類には3種が存在します。呼吸をするため海面を泳ぎますが、浅瀬ならば20分ほどもぐります。現在、ジュゴン類もマナティー類も15万頭以下しか生息していません。

ジュゴン
Dugong dugon

海牛（カイギュウ）ともよばれる。丸々と太ったウシのような体で、多くの時間を海底の海草や植物を食べてすごす。視力は弱く、鼻の長いひげを使って食べ物をさがす。

大きさ 体長2.5〜4m
食べ物 海草、根、葉
生息環境 川、小川、沿岸地域
分布 東アフリカ、南アジア、東南アジア、オーストラリア北部、太平洋諸島

17世紀の船乗りたちはジュゴンを神話の世界の生き物、人魚と考えていた。

アメリカマナティー
Trichechus manatus

ジュゴンと同じくマナティーも多くの時間を海草を食べてすごす。前のひれ足で食べ物をもち、やわらかい上唇を使って口へ運ぶ。食べ物が豊富にあれば2〜20匹の群れで行動する。

大きさ 体長2.5〜4.5m
食べ物 海草、根、葉
生息環境 川、小川、沿岸地域
分布 アメリカ合衆国南東部、南アメリカ北部、カリブ海

アマゾンマナティー
Trichechus inunguis

マナティーには後肢がない。前ひれ足と強く平たい尾を使って水中を進む。アマゾンマナティーはアマゾン川とその支流水域にしか生息しない。

大きさ 体長2〜2.8m
食べ物 海草、根、葉
生息環境 川、小川、池
分布 南アメリカ

ゾウ類

ゾウ類はゾウ目に含まれます。ゾウ類は体重6,000kgを超える、陸上でもっとも大きな動物です。扇形の大きな耳、牙とよばれる長い門歯、しなやかに動く鼻をもっています。ゾウ類には3種のゾウが存在します。

ここに注目！
臼歯
アフリカゾウとアジアゾウの臼歯は形がちがう。

◀アフリカゾウの臼歯にはあまり溝がない。溝の境の飛び出た部分はひし形をしている。

◀アジアゾウはアフリカゾウより草をよく食べ、臼歯にはたくさんの溝がある。溝は平行に並んでいる。

アジアゾウ
Elephas maximus

絶滅危惧種

アジアゾウの鼻先には指のような突起が1本ある。アフリカゾウには2本。ゾウは鼻先の突起を利用して小さな物を鼻でつかむ。

メスと一部のオスには牙がない

大きさ 身長2〜3.5m
食べ物 樹皮、葉、草
生息環境 森林、山、草原
分布 南アジア、東南アジア

アフリカゾウ
Loxodonta africana

母ゾウと赤ちゃんを守るときなど捕食者に向かっていくことがある。わずかに頭を下げて突撃し、高い声で鳴く。

大きさ 身長4〜5m
食べ物 樹皮、葉、草
生息環境 草原、サバンナ、砂漠、熱帯雨林
分布 アフリカ

マルミミゾウ
Loxodonta cyclotis

絶滅危惧種

アフリカゾウより小さく、丸みを帯びた耳と毛深い鼻をもつ。牙が下を向くので木がびっしり生えた森林の中も楽に移動できる。

大きさ 身長3〜4m
食べ物 樹皮、葉、枝、草、果実
生息環境 熱帯林、山
分布 西アフリカ、中央アフリカ

ゾウの群れ ゾウはメスと小さな子からなる群れで生活する。群れのリーダーは最年長のメス。オスは成体になってオスどうしの小さな集団をつくり群れを離れる。干ばつになると群れで水場の近くに集まる。

アルマジロ類

アルマジロ類は体の大部分をよろいのようなかたい皮ふで守られています。アルマジロ類は被甲目に属し、21種ほどが存在します。アルマジロ類は強い前脚で地面を掘ります。おもに昆虫を舌ですくって食べます。

オオアルマジロ
Priodontes maximus

前足の大きなかぎ爪を使ってシロアリ塚やアリ塚を引き裂き、中にいるシロアリやアリを食べる。日中、体を休める穴を掘るときにもかぎ爪を使う。

大きさ 体長 70～100cm
食べ物 シロアリ、アリ、ヘビ、トカゲ
生息環境 草原、森林
分布 南アメリカ北部、中部

ムツオビアルマジロ
Euphractus sexcinctus

背にはかたいケラチン（角をつくる物質）でおおわれた帯が6～8本ある。ムツオビアルマジロはほかのアルマジロのように完全に丸くはならないが、帯の間にやわらかい皮ふがあるので柔軟性はある。

大きさ 体長 40～49cm
食べ物 昆虫、果実、塊茎、木の実、腐肉
生息環境 草原、サバンナ、森林
分布 南アメリカ

パナマスベオアルマジロ
Cabassous centralis

ほかのアルマジロとちがい、パナマスベオアルマジロの尾にはかたいからがない。捕食者が近づくと穴を掘り、体の上部だけ残して穴にもぐる。

大きさ 体長 30～40cm
食べ物 アリ、シロアリ
生息環境 草原、森林
分布 中央アメリカ、南アメリカ北部

アラゲアルマジロ
Chaetophractus villosus

死んだ動物の体の下または中に穴を掘り、腐敗物に繁殖するウジ（ハエの幼虫）を食べる。

大きさ 体長 22 ～ 40cm
食べ物 昆虫の幼虫、げっ歯類
生息環境 砂漠
分　布 南アメリカ南部

ナマケモノ類、アリクイ類

ナマケモノ類とアリクイ類は外見はちがいますが、どちらもごわごわした毛におおわれ、ほかの哺乳類よりも歯の数が少ないです。アリクイ類には歯がありません。ナマケモノ類にはくぎのような形の臼歯があります。ナマケモノ類とアリクイ類、合わせて11種が有毛目に属します。

フタユビナマケモノ
Choloepus didactylus

ヒメアリクイ
Cyclopes didactylus

落葉高木の一種、キワタの上で生活することが多い。種子のつまった実をおおう繊維がヒメアリクイの毛と似るため、捕食者からうまく身をかくすことができる。

大きさ
体長 16〜21cm
食べ物 おもにアリ
生息環境 熱帯林
分布 中央アメリカから南アメリカ北部

オオアリクイ
Myrmecophaga tridactyla

大きな前足でアリの巣やシロアリ塚を引き裂いてから、長い舌でアリやシロアリをすくい上げる。舌は粘着性のあるだ液でおおわれている。

58 | 有胎盤類

食べ物をさがすために、たくさんの時間を使って木から木へ移動する。ナマケモノは哺乳類の中で一番ゆっくり動く。フタユビナマケモノは木から木へ移るのに丸一日かかることがある。

大きさ 体長 46 〜 86cm
食べ物 葉、果実
生息環境 熱帯雨林
分　布 南アメリカ北部

ノドチャミユビナマケモノ
Bradypus variegatus

長くて先の曲がったかぎ爪を使い、18 時間も枝にぶら下がり続けることがある。ぶら下がったまま寝入ることもある。

大きさ 体長 45 〜 76cm
食べ物 小枝、芽、葉
生息環境 熱帯林
分　布 南アメリカ

大きさ 体長 1 〜 2m
食べ物 アリ、シロアリ、ほかの昆虫
生息環境 熱帯林、草原
分　布 中央アメリカから南アメリカ

くしゃくしゃの長い毛

ウサギ類、ノウサギ類、ナキウサギ類

ウサギ類、ノウサギ類、ナキウサギ類、合わせて92種はウサギ目に含まれます。いずれも植物を食べるため、かむのにかなりの時間を費やします。目は頭の両横にあり、広い範囲を見ることができるので、捕食者がいればすぐに気づきます。

アメリカナキウサギ
Ochotona princeps

ナキウサギはきびしい冬を生きのびるために食べ物を保存する。腐りにくい植物を集めて巣のすぐ外に貯蔵し、雪が地面をおおう冬の間、手軽に食べることのできる食料源とする。

大きさ 体長 16〜22 cm
食べ物 草、広葉草本、花
生息環境 山
分 布 北アメリカ

ホッキョクウサギ
Lepus arcticus

冬毛はほぼ真っ白で、雪の中にうまくまぎれこむ。夏になるとたいてい灰褐色に変わる。

大きさ 体長 43〜66 cm
食べ物 草、広葉草本、低木
生息環境 極地北部
分 布 カナダ北部、グリーンランド

アナウサギ
Oryctolagus cuniculus

アナウサギの毛はとてもやわらかい毛糸になるため珍重される。毛糸に使われるのは背中と体の上部の一番長くてきれいな毛。

大きさ
体長 25 〜 38cm
食べ物 草、広葉草木、葉
生息環境 人間の居住地
分布 トルコ原産

オグロジャックウサギ
Lepus californicus

オグロジャックウサギは長さ15cmにもなる長い耳で、捕食者がたてるかすかな音を聞きとる。

大きさ
体長 47 〜 63cm
食べ物 おもに草
生息環境 砂漠、草原
分布 アメリカ合衆国南西部、中部

ピグミーウサギ
Brachylagus idahoensis

小型のウサギ。ヤマヨモギ（キク科の多年草）の茂る場所に生息する。ヤマヨモギはピグミーウサギの主要な食べ物であり、同時にヤマヨモギの茂みは捕食者からのかくれ場所でもある。巣はたいていヤマヨモギの下につくる。

大きさ
体長 22 〜 29cm
食べ物 おもにヤマヨモギ
生息環境 砂漠
分布 北アメリカ西部

げっ歯類

げっ歯目は 2,000 種以上のげっ歯類を含む大きなグループです。げっ歯類の上あごと下あごには、それぞれ一組の切歯があります。上の大きな切歯は常にかじることによっていつも鋭くとがっています。

ここに注目!
困った問題
げっ歯類は人間にやっかいな問題をもたらす。

▲ ハツカネズミは電気配線や家具、本などにかみつき、家屋に被害をあたえる。

▲ ドブネズミは農場に被害をあたえる。収穫物や貯蔵穀物を食べてだめにする。

▲ クマネズミに寄生するネズミノミはかつてペスト(死に至る感染症)の感染を広げた。

キタリス(エゾリス)
Scuirus vulgaris

長さ 15〜20cm の尾がとても目立つ。木から木へ飛び移るときは尾でバランスをとり、方向も決める。巣で眠るときは尾を体に巻きつけて、体を温める。

大きさ 体長 20〜25cm
食べ物 おもに種子、菌類、植物の芽
生息環境 温帯林、針葉樹林、山
分布 ヨーロッパ、アジア

アメリカモモンガ
Glaucomys volans

モモンガは高いところから飛ぶ。前脚と後ろ脚の間に広がるパラシュートのような皮膜を使い木から木へ滑空する。滑空するときには長い尾で方向を決める。

大きさ 体長 13～15cm
食べ物 葉、果実、穀類、木の実、鳥類の卵、腐肉
生息環境 温帯林
分 布 アメリカ合衆国東部

皮膜

オグロプレーリードッグ
Cynomys ludovicianus

巣穴を広くはりめぐらせる。地下2～3m、長さ10mほどに伸びる巣穴は町とよばれる。

大きさ
　体長 28～30cm
食べ物 葉、茎、根
生息環境 草原
分 布
　北アメリカ

オオヤマネ
Glis glis

古代ローマ人がオオヤマネをつかまえて食べていたことにちなみ、英語名はEdible dormouse（食べられるヤマネ）という。スロベニアでは伝統的な方法でオオヤマネを狩り、食用とする。

大きさ
　体長 13～20cm
食べ物 葉、穀類、種子、木の実、果実、鳥類、昆虫
生息環境 温帯林
分 布 ヨーロッパ、アジア西部

げっ歯類 | 63

ゴールデンハムスター
Mesocricetus auratus

現在、ペットとして飼われているハムスターの大部分は1930年にとらえられた1匹のメスの子孫だ。はじめのころのペットのハムスターは短毛だったが品種改良され、現在では長毛種やいろいろな色の品種がつくられている。

大きさ 体長13〜13.5cm
食べ物 種子、木の実、昆虫
生息環境 草原、人間の居住地
分 布 アジア西部原産

メリアムカンガルーネズミ
Dipodomys merriami

カンガルーと同じように後ろ足で跳んで移動する。長い尾でバランスをとりながら跳び回る。

大きさ 体長8〜14cm
食べ物 おもに種子
生息環境 砂漠、草原
分 布 アメリカ合衆国南西部、メキシコ

ノルウェーレミング
Lemmus lemmus

食べ物がたくさんあると3〜4年ごとに個体数が急に増える。この間につがいは6か月で100匹以上の子を産むこともある。ノルウェーレミングはまわりの食べ物をすぐに食べつくし、新たな食べ物を求めて移動する。

ゴールデンハムスターの心臓は1分間に500回も拍動する。

アメリカビーバー
Castor canadensis

アメリカビーバーは家づくりの名人。木や泥や石で大きなダムと小屋をつくり、捕食者から身をかくす。世界最大のビーバーのダムはカナダにある。幅はおよそ850m。地球を周回する人工衛星から見えるくらい巨大だ。

大きさ 体長74〜88cm
食べ物 葉、芽、小枝、樹皮
生息環境 湿地、川、小川
分布 北アメリカ

赤褐色の毛

大きさ 体長7〜16cm
食べ物 草、コケ、低木、昆虫
生息環境 タイガ、ツンドラ
分布 スカンジナビア、隣接するロシア

げっ歯類

ドブネズミ
Rattus norvegicus

夜行性のハンター。鋭い嗅覚を使い、3km離れた場所にある食べ物を見つけ出す。200匹にもなる群れをつくり、ウサギやニワトリほどの大きさの動物を捕食する。群れを率いるのは大きなオス。

大きさ 体長 20〜28cm
食べ物 植物、小型の哺乳類、小型のは虫類、鳥類、魚類、卵、腐肉、昆虫、ミミズ
生息環境 草原、川、小川、湿地、人間の居住地
分布 極地を除く世界中

カピバラ
Hydrochoerus hydrochaeris

カピバラとは南アメリカのトゥピ・グアラニー族の言葉で「草の支配者」という意味。名前のとおりカピバラは起きている時間の大部分を草などの植物を食べてすごす。

大きさ 体長 1.1〜1.3m
食べ物 おもに草、水生植物
生息環境 草原、湿地、川、小川
分布 南アメリカ

チンチラ
Chinchilla lanigera

やわらかくてなめらかな毛が珍重され、長年にわたり人間に捕獲されてきた。南アメリカのチンチャ族はチンチラの毛皮でつくった服を着る。チンチラという名前はチンチャ族に由来する。

タテガミヤマアラシ
Hystrix cristata

ヤマアラシの針毛は、ケラチン（角や爪をつくる物質）でできた毛が変化したもの。タテガミヤマアラシは危険がせまると針毛をふって音をたてる。それでも捕食者が逃げなければ、後ろ向きに走って針毛を相手に突き刺す。

大きさ 体長 60 〜 100cm
食べ物 果実、腐肉
生息環境 サバンナ、草原、森、岩場
分布 アフリカ北部、サハラ砂漠以南のアフリカ

絶滅危惧種

大きさ 体長 22 〜 23cm
食べ物 草、葉
生息環境 山
分布 南アメリカ

灰青色の毛

ハダカデバネズミ
Heterocephalus glaber

大きな群れをつくる。げっ歯類の中では独特の社会構造をもつ。優位にある1匹のメスだけが子を産み、子の世話にはほかのメスも参加する。

大きさ 体長 8 〜 9cm
食べ物 植物の根、球根、塊茎、地下部
生息環境 砂漠
分布 アフリカ東部

トウブハイイロリス トウブハイイロリスは秋になると木の実や種子を集め、冬を生きのびるだけの食べ物を確保する。集めた食べ物はてんでばらばらの場所にかくす。その数、数百か所。記憶力にとても優れ、かくし場所をちゃんと覚えている。

リスは頭から木を降りるとき
すべらないように
後ろ足を後方に
回転させる
ことができる

ツパイ類、ヒヨケザル類

ツパイ類は木の上でも生活しますが、長い時間を地上ですごします。20種のツパイ類がツパイ目に含まれます。ヒヨケザル目は2種のヒヨケザル類を含みます。ヒヨケザル類は木の間を滑空して移動します。

オオツパイ
Tupaia tana

オオツパイは1日の大半を地上ですごす。短い時間だけ木に登ることがある。鋭い聴覚、嗅覚、視覚を使って危険な場所を調べるためだ。

産まれた直後のオオツパイは40時間も眠り続けることがある。

ピグミーツパイ
Tupaia minor

とても上手に木に登る。マングースから逃げるときは木を駆け上がる。鋭いかぎ爪で枝をしっかりつかみ、長い尾でバランスをとる。

大きさ 体長 11.5〜13.5cm
食べ物 果実、葉、種子、昆虫、腐肉
生息環境 熱帯林
分布 東南アジア

大きさ 体長 15〜23cm
食べ物 昆虫、果実、葉
生息環境 熱帯林
分布 東南アジア

マレーヒヨケザル
Cynocephalus variegatus

首から指の先、尾にかけて毛の生えた皮膜が伸びる。四肢を広げて皮膜を張り、木から木へ飛び移る。マレーヒヨケザルは哺乳類の中で一番上手に滑空をする。皮膜を広げたときの表面積は大きく、木と木の間をほぼ同じ高さのまま100mほど滑空できる。

大きさ 体長32〜42cm
食べ物 若い葉、芽
生息環境 熱帯雨林、山
分布 東南アジア

フィリピンヒヨケザル
Cynocephalus volans

名前にサルとつくがサルではない。マレーヒヨケザルと同じく木から木へ滑空する。滑空以外の動き（たとえば木登り）をするときはパラシュートのような形の皮膜がじゃまになり、少しばかり苦労をする。

大きさ 体長34〜42cm
食べ物 葉、芽、果実、花
生息環境 熱帯林
分布 フィリピン

皮膜

霊長類

霊長目は霊長類（原猿、サル、類人猿）を含む変化に富むグループです。ほとんどの霊長類は複雑な社会集団をつくります。にぎることのできる手をもち、中には物をつかむのに適した尾をもつものもいます。霊長目にはおよそ382種が含まれます。

ここに注目！
種類

霊長類は大きく3種類（原猿、サル、類人猿）に分けられる。

▲ロリス、メガネザル、キツネザル、アイアイ（写真）などは原猿。尾をもつものも数種類いる。

▲エンペラータマリンは長い尾をもつ。長い尾はヒヒを含むサルに共通の特徴。

◀ゴリラ、ヒト、オランウータン、チンパンジー、テナガザル、シロテテナガザル（写真）などは類人猿。類人猿には尾はない。

クロカンムリシファカ
Propithecus coronatus

10mほど離れた木に飛び移り、木の幹にしがみつく。木と木の間が離れすぎているときは手を頭の上に上げて横向きに跳びはねながら地上を移動する。

大きさ 体長39.5〜45.5cm
食べ物 葉、芽、果実、花
生息環境 温帯林、マングローブ
分布 マダガスカル

シファカは「シーファク」というしゃっくりのような声を出してなわばりを決める。

スローロリス
Nycticebus coucang

ロリスのメスはひじにある分泌腺から毒素を出し、だ液と混ぜて子の毛にぬる。毒をぬられた毛は子から捕食者を遠ざける。

大きさ 体長26〜38cm
食べ物 鳥、は虫類、果実
生息環境 熱帯林
分布 東南アジア

ショウガラゴ
Galago moholi

ガラゴはブッシュベビーともよばれる。夜間にだけ狩りをする。目の裏側にある特別な層が鏡のようなはたらきをして光を目へ反射するので、暗がりでも明るく見える。このような目のしくみのおかげでショウガラゴは夜でも上手に狩りをする。

大きさ 体長15〜17cm
食べ物 おもに昆虫、植物の液
生息環境 熱帯林
分布 サハラ砂漠以南のアフリカ

ワオキツネザル
Lemur catta

5〜25匹の群れで生活する。ワオキツネザルはさまざまな鳴き声を使い分けてコミュニケーションをとる。群れの中や群れの間でやりとりをするための鳴き声もあるし、近くに捕食者がかくれていることを知らせる鳴き声もある。

大きさ 体長39〜46cm
食べ物 花、果実、葉、樹皮
生息環境 熱帯林
分布 マダガスカル

霊長類

フンボルトウーリーモンキー
Lagothrix cana

絶滅危惧種

体がかなり重いにもかかわらず木から木へ簡単に飛び移る。筋肉の発達した肩と腰を使って枝からぶら下がり木をわたる。長い尾はおもに食べ物を食べたり、とったりするときに体を支える。尾は巻きつけることができ、先端の下側には毛がないので枝をしっかりつかめる。

大きさ 体長 50〜65 cm
食べ物 おもに果実
生息環境 熱帯雨林
分布 南アメリカ中部

アカホエザル
Alouatta seniculus

アカホエザルの群れがいっせいに上げる鳴き声は2km離れていても聞こえる。ほかの動物に自分たちのなわばりから離れるよう警告する鳴き声もある。

大きさ 体長 50〜63 cm
食べ物 葉、果実、花
生息環境 熱帯雨林、沿岸地帯
分布 南アメリカ北西部

クロクモザル
Ateles chamek

四肢と尾は体より長く、クモのように見える。先の曲がった手には親指がほとんどない。しなやかに動く四肢を使って木から木に移る。長い尾でバランスをとる。尾が一番役に立つのは食べ物をつかむとき。

大きさ 体長 40〜52 cm
食べ物 果実、花、葉、昆虫の幼虫、シロアリ、はちみつ
生息環境 熱帯雨林
分布 南アメリカ西部

シロガオサキ
Pithecia pithecia

オスとメスは外観がとても異なる。オスの体は黒く顔は金色、メスの体は灰茶色で顔の色は濃い。

オスの体の毛は長く黒い

大きさ 体長 34〜35 cm
食べ物 果実、木の実、種子、葉、花
生息環境 熱帯林、沿岸地域
分布 南アメリカ北部

絶滅危惧種

アカウアカリ
Cacajao calvus rubicundus

顔の色が明るい赤色ほど良好な健康状態を示すようだ。繁殖期になるとメスはもっとも赤い顔のオスを選ぶ。

長く厚い毛

大きさ 体長 38〜57 cm
食べ物 果実、昆虫、カエル、トカゲ、コウモリ
生息環境 熱帯雨林
分布 南アメリカ北西部

霊長類 | 75

ヨザル
Aotus trivirgatus

英語名には Owl monkey（フクロウザル）という別名もある。夜間に食べ物をさがし回る唯一のサル。大きな目でわずかな光を集め、暗がりでも食べ物を見つけることができる。

黒いふさふさの尾

大きさ 体長 24～48cm
食べ物 おもに果実、昆虫
生息環境 熱帯林
分　布 南アメリカ北部

ナキガオオマキザル
Cebus olivaceus

30匹ほどの群れをつくる。成体のメスはいっしょに群れの子の世話をする。母親以外の個体による育児行動をアロマザリングという。

大きさ 体長 37～46cm
食べ物 種子、果実、昆虫
生息環境 熱帯林
分　布 南アメリカ北東部

ボリビアリスザル
Saimiri boliviensis

リスザルは200匹ほどからなる大きな群れをつくる。群れの中は小さな群れに分かれる。小さな群れには成体のオスとメス、その子がいる。1匹が食べ物を見つけるとすぐに群れのなかまが集まり、分け合う。

大きさ 体長 27～32cm
食べ物 昆虫、果実
生息環境 熱帯林
分　布 南アメリカ西部、中部

ゴールデンライオンタマリン
Leontopithecus rosalia

絹のような金色の毛と灰色の顔ですぐにゴールデンライオンタマリンとわかる。かぎ爪のついた長い手で木から甲虫の幼虫を掘り出したり、果実をもったりする。果実はだいじな食べ物。

絶滅危惧種

研究者により飼育下で繁殖され個体数が増えてきている。1996年には300匹以下だったが、現在では1,000匹を超える。

大きさ 体長 20〜25cm
食べ物 果実、昆虫、樹脂、花みつ
生息環境 熱帯林
分 布 南アメリカのサンジョアン盆地

ピグミーマーモセット
Cebuella pygmaea

丸まると人間の手の中におさまるほど小さい。世界一小さなサル。野生では約12年、飼育下では20年ほど生きる。

大きさ
体長 12〜15cm
食べ物 花みつ、果実、樹液、クモ
生息環境 熱帯林
分 布 南アメリカ西部

ニホンザル
Macaca fuscata

体を温めるために温泉に入る集団がいる。まるで人間そっくり。海水で食べ物を洗う集団もいる。

大きさ 体長 47〜60cm
食べ物 果実、昆虫、植物、土
生息環境 森林、山
分布 日本

アヌビスヒヒ
Papio anubis

150匹ほどの成体のメスと数匹のオス、子からなる結びつきの強い群れをつくる。オスの子は成熟すると群れを離れる。

大きさ 体長 60〜86cm
食べ物 果実、葉、昆虫、トカゲ
生息環境 熱帯林、サバンナ、草原、山
分布 サハラ砂漠以南のアフリカ

フクロテナガザル
Symphalangus syndactylus

絶滅危惧種

テナガザルの中では体も鳴き声も一番大きい。鳴くときは声を大きくするために、のどにある袋をグレープフルーツくらいの大きさまでふくらます。自分のなわばりに入ってきた動物に警告するときはとくに大きな鳴き声を出す。

大きさ 体長 90cm
食べ物 葉、果実、甲虫の幼虫
生息環境 熱帯林、山
分布 東南アジア

先の曲がった手で枝を簡単につかむ

両腕を広げて高い木の枝の上を歩く姿はつな渡りをする人間にそっくりだ。

マンドリル
Mandrillus sphinx

20匹ほどの群れで生活する。群れを率いるのは1匹のオス。ボスになるオスの顔の色は群れの中で一番明るい。犬歯も大きく、おそってきそうな捕食者や近づいてくるライバルに見せて威嚇する。

大きさ 体長63〜81cm
食べ物 果実、種子、卵、小型の動物
生息環境 熱帯林
分布 アフリカ中西部

一番鮮やかな赤色は群れを率いるオスの印

手には5本の指

霊長類

ニシゴリラ
Gorilla gorilla

絶滅危惧種

5～10匹の群れで生活する。群れにはたくさんのメスと1匹のオスがいる。群れを率いるオスの背中には銀色の毛が生え、シルバーバックとよばれる。敵がせまるとシルバーバックはほえ、手をおわんの形に丸め胸をたたいておどす。それでも敵がひるまないときは、相手に突撃することもある。

大きさ 身長 1.3～1.9m
食べ物 果実、葉、茎、種子、シロアリ
生息環境 熱帯林
分布 アフリカ中部

オランウータン
Pongo pygmaeus

絶滅危惧種

樹上で生活する動物の中で一番大きい。木をうまくつかむことのできる手と足を使って木から木へ上手に移動する。とても長い腕は2mもある。

大きさ 身長 1.1～1.4m
食べ物 果実、葉、種子、鳥類の卵、昆虫
生息環境 熱帯林
分布 東南アジア

チンパンジー
Pan troglodytes

絶滅危惧種

- 顔に毛はない
- 腕は脚より長い
- ほかの指と向かい合わせにできる親指。正確に物をつかめる

50〜150匹の群れで生活する。食べ物をさがすときは小さな集団に分かれる。オスどうしが協力して狩りをすることもある。道具を使うことで知られる。木の枝でシロアリを掘り出したり、ショウガラコを突き刺したりする。

大きさ 身長63〜90cm
食べ物 おもに果実、葉。昆虫やときにはほかのサルも
生息環境 熱帯林
分 布 アフリカ西部から中部

ヒ ト
Homo sapiens

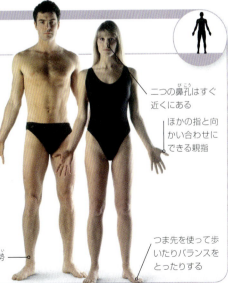

現生人類（ホモ・サピエンス）はアフリカで誕生した。アフリカを出た人類は約1万5000年前にはユーラシア大陸、オーストラリア、南北アメリカまで広がった。現在、南極大陸（観測基地に滞在する研究者はいるけれども）以外のすべての大陸で生活する。2012年、世界の人口は70億人に達した。

- 二つの鼻孔はすぐ近くにある
- ほかの指と向かい合わせにできる親指
- 直立姿勢
- つま先を使って歩いたりバランスをとったりする

大きさ 身長1.2〜2.1m
食べ物 植物、動物
生息環境 水中以外のすべての環境
分 布 世界中

オランウータンとは、マレー語（東南アジアの人々の話す言葉）で「森の人」という意味

オランウータンの巣
オランウータンはほとんどの時間を木の上ですごす。木から木へ絶えず移動して、毎晩、木の上に新しい巣をつくる。大きなだ円形の巣の材料となるのは木の葉や枝。

コウモリ類

コウモリ類はただ滑空するのではなく、飛ぶことのできる唯一の哺乳類です。翼を使って飛びます。コウモリ類の翼は体の横から長い指に広がる皮ふでできています。1,000種以上のコウモリ類がコウモリ目（翼手目）に含まれます。

ここに注目！
感覚を使う

コウモリはさまざまな感覚をたよりに食物をさがす。

▲ すべてのコウモリが鋭い嗅覚をもつ。オオコウモリ（写真）は夜間でもはっきり見える大きな目ももつ。

▲ ウサギコウモリ（写真）は、自分の出す高い音がはね返ってもどってくる、ごくわずかな反響でも聞きとる大きな耳をもつ。

フランケオナシケンショウコウモリ
Epomops franqueti

大きな群れでまとまって木にとまる。群れのオスは木の上から甲高い声で鳴き、交尾の相手を引きつける。フランケオナシケンショウコウモリの集団の出す騒音はアフリカのどこの森でもよく聞かれる。

大きさ 体長 11〜15cm
食べ物 果実、葉
生息環境 熱帯林
分布 西アフリカ、中央アフリカ

ヒメキクガシラコウモリ
Rhinolophus hipposideros

コウモリはえものを見つけるために反響定位を用いる。反響定位とは、コウモリなどの動物が人間には聞こえない高い周波数の超音波を出し、えものに当たってもどってきた反響を聞いてえもののいる場所を見つけるという方法だ。ヒメキクガシラコウモリは一部が馬蹄形（U字形）の鼻葉（鼻のまわりの複雑なひだ）で超音波音を増幅させている。

大きさ　体長 4 cm
食べ物　小型の飛翔昆虫
生息環境　森林、林地、草原
分　布　ヨーロッパ、アフリカ北部、アジア西部

オーストラリアオオアラコウモリ
Macroderma gigas

英語名は Ghost bat（幽霊コウモリ）。翼がほぼ透明で、夜には幽霊のように見えることからつけられた。えものめがけて急降下すると翼でえものをくるみ、かみついて息の根を止める。

大きさ　体長 10～12 cm
食べ物　昆虫、鳥類、トカゲ、ほかのコウモリ
生息環境　熱帯林、サバンナ
分　布　オーストラリア西部、北部

ウオクイコウモリ
Noctilio leporinus

水面近くで狩りをする。湾曲した鋭いかぎ爪で魚をつかまえる。一晩で魚を 30 匹ほどつかまえることができる。

大きさ　体長 6～8 cm
食べ物　魚類、カニ、昆虫
生息環境　森林、川、小川、湿地
分　布　中央アメリカ、南アメリカ

ナミチスイコウモリ
Desmodus rotundus

血を食べる。刃形の門歯でえものにかみつき、傷口から流れ出る血を吸う。だ液に含まれる特殊な物質で、食事中に血がかたまるのを防ぐ。

大きさ 体長7～9.5cm
食べ物 鳥類、バク、家畜の血
生息環境 熱帯林、砂漠、草原、人間の居住地
分布 中央アメリカ、南アメリカ

長い前肢

カリフォルニアオオミミナガコウモリ *Macrotus californicus*

たいていは地上数メートルの高さを飛び、地表に近づいてえものをつかまえる。地上にいるえものの上を数秒間飛んでからつかみ去る。

大きさ 体長5～6.5cm
食べ物 昆虫
生息環境 砂漠、低木地帯
分布 北アメリカ、中央アメリカ

ヨーロッパアブラコウモリ
Pipistrellus pipistrellus

夏になるとメスは大きなねぐらをつくり、子を産み育てる。この間、オスは自分のねぐらですごす。または小さな群れをつくることもある。

大きさ
　体長3.5～4.5cm
食べ物 昆虫
生息環境 温帯林
分布 ヨーロッパからアフリカ北部、アジア西部、中部

ヨーロッパオヒキコウモリ
Tadarida teniotis

オヒキコウモリは飛ぶのが得意。時速40kmの速さで飛べるし、2,700m上空を飛んでいるところも観察されている。

先のとがった、長い翼

翼の下にたれさがる尾

大きさ 体長8〜9cm
食べ物 昆虫
生息環境 温帯林、砂漠、人間の居住地
分布 ヨーロッパ南部、南アジア、東南アジア

ウサギコウモリ
Plecotus auritus

長い前肢

広い耳

耳は体とほぼ同じ長さ。音に対する感覚はとても鋭い。自分の出す超音波がはね返ってくる反響をもらさず聞くことができる。

大きさ 体長4〜5cm
食べ物 昆虫
生息環境 温帯林、林地、砂漠、人間の居住地
分布 ヨーロッパ、中央アジア

飛行中のコウモリの心拍数は1分間に1,000回

ウオクイコウモリ
名前のとおりおもに魚をとって食べる。魚をつかむとすぐに口にもっていく。逃げられないようにするためだ。その後、足で木にぶら下がり、えものを頭から食べはじめる。

ジムヌラ類、ハリネズミ類、センザンコウ類

ハリネズミ目に属するハリネズミ類とジムヌラ類、合わせて24種はたいてい夜間に活動します。センザンコウ類もおもに夜行性で、体はうろこでおおわれています。現在のところ確認されている8種でセンザンコウ目をつくります。

ジムヌラ
Echinosorex gymnura

腐ったタマネギのようなにおいをつけてなわばりを決める。においには、ほかのジムヌラを遠ざけるためのはたらきがある。

大きさ 体長26〜46cm
食べ物 カタツムリ、カニ、ミミズ、魚類、果実
生息環境 熱帯林
分布 東南アジア

ヨーロッパハリネズミ
Erinaceus europaeus

ハリネズミの成体の体は5,000本を超える鋭い針毛でおおわれる。危険がせまると針毛を立て、とげだらけのかたいボールのように丸くなる。ときどき針毛をなめて、泡立つだ液をぬりつけるが、その理由はわからない。

大きさ 体長22〜27cm
食べ物 小型のは虫類、鳥類の卵、腐肉
生息環境 温帯林、林地、草原、人間の居住地
分布 ヨーロッパ

オオミミハリネズミ
Hemiechinus auritus

夜行性。長い耳は暗がりで、えものだけでなく捕食者の居場所を見つけるのにも役立つ。また暑い生息環境の中では体の余分な熱を発散させ、体を冷やすはたらきもする。

大きさ 体長 15 〜 27cm
食べ物 昆虫、ミミズ
生息環境 砂漠、草原
分 布 アジア、アフリカ

オナガセンザンコウ
Manis tetradactyla

名前のとおり尾が長く、尾だけで全体長の3分の2になる。木の上で生活する。尾は体重を支えられるほど強く、木の枝からぶら下がることができる。

大きさ 体長 30 〜 40cm
食べ物 アリ、シロアリ、ほかの無脊椎動物
生息環境 熱帯林
分 布 西アフリカ

サバンナセンザンコウ
Manis temminckii

重なり合ううろこが全身をおおい、体を守るよろいの役目をする。危険がせまるとうろこ状の大きなボールのように丸くなる。いったん丸まると簡単には開かない。

大きさ 体長 50 〜 60cm
食べ物 シロアリ、アリ
生息環境 森林、林地、草原
分 布 アフリカ東部から南部

黄褐色のうろこ

トガリネズミ類、モグラ類、ソレノドン類

合わせて 400 種を超えるモグラ類、トガリネズミ類、ソレノドン類がトガリネズミ目に含まれます。共通している特徴は長い鼻、鋭い歯、小さい目です。

ミズトガリネズミ
Neomys fodiens

小型のトガリネズミ。食べ物をさがしながら 20 秒ほど水中にもぐることができる。後ろ足で強くけって泳ぎ、長い尾でかじをとる。

大きさ 体長 6.5〜9.5cm
食べ物 昆虫、小型の魚類、カエル
生息環境 森林、湿地帯、川、小川
分布 ヨーロッパからアジア北部

ハイチソレノドン
Solenodon paradoxus

絶滅危惧種

外観はトガリネズミに似る。数少ない有毒哺乳類の一種。相手にかみついたときにだ液といっしょに毒を出す。おもに身を守るために毒を使う。

大きさ 体長 28〜32cm
食べ物 昆虫、ミミズ、小型のは虫類、果実
生息環境 熱帯林
分布 イスパニョーラ島、カリブ海

長い尾

ヨーロッパモグラ
Talpa europaea

ほとんど目が見えず触覚、嗅覚、聴覚にたよってえものをさがす。後ろ脚で体を支えながら、前脚で体の横に土をすくい上げてえものに向かって進む。

大きさ 体長11〜16cm
食べ物 昆虫、ミミズ
生息環境 温帯林、草原
分布 ヨーロッパから
アジア北部

ピレネーデスマン
Galemys pyrenaicus

ほとんどの時間を水中ですごし、流れのある川底で食べ物をさがす。陸に上がるのは食べるか、毛づくろいをするか、眠るときだけ。

大きさ 体長11〜16cm
食べ物 小型の甲殻類、昆虫の幼虫
生息環境 湿地帯、川、小川
分布 ヨーロッパ南西部

ホシバナモグラ
Condylura cristata

名前のとおり、鼻のまわりにある22本の肉質の触角が星のように見える。触角はアイマー器官という特殊な感覚受容体でおおわれ、まわりの動きを感じとることができる。ホシバナモグラは触覚を使ってえものを見つける。

大きさ 体長18〜19cm
食べ物 昆虫、ミミズ、小型の魚類
生息環境 湿地帯、川、小川
分布 北アメリカ

トガリネズミ類、モグラ類、ソレノドン類 | 93

肉食動物

食肉目に属する哺乳類は約285種です。アザラシ、イヌ、ネコをはじめ食肉目の多くは肉を食べる捕食者です。

ここに注目！
模様

肉食動物の種は毛の模様で区別できることもある。

▲トラの毛は特徴的な縦じま。

▲リカオンの毛には黒色、灰色、黄色、白色のまだら模様。

▲ヒョウは体をおおう斑点ですぐにわかる。

リカオン
Lycaon pictus

絶滅危惧種

30匹を超える群れ（パックとよばれる）で生活する。パックの中で優位なつがいだけが交尾し、ほかのなかまは協力して子の世話をする。

大きさ 体長76〜110cm
食べ物 げっ歯類、鳥類、ほかの哺乳類
生息環境 山、草原、沿岸部
分布 アフリカ

アカギツネ
Vulpes vulpes

順応性が高い。市街地でも野生でも同じようになれた生活をする。ふだんはげっ歯類など小型哺乳類を食べ、足りない分を補うためによく市街地でゴミ箱をあさる。

大きさ 体長 58 〜 90cm
食べ物 おもに小型の哺乳類
生息環境 おもに人間の居住地
分布 北半球、オーストラリア

タテガミオオカミ
Chrysocyon brachyurus

タテガミオオカミにとって長い脚はとても都合がよい。南アメリカの草原で狩りをするとき、背の高い草ごしにえものをじっと見ることができるから。

長い耳

大きさ 体長 1.2 〜 1.3m
食べ物 鳥類、魚類、げっ歯類、ウサギ、無脊椎動物、果実
生息環境 草原
分布 南アメリカ

フェネックギツネ
Vulpes zerda

砂漠の生活によく適応した小さなキツネ。毛が淡い色のため砂の中にうまくまぎれこむ。また淡い色の毛は太陽の熱を反射し、大きな耳は体の余分な熱を逃がすはたらきをする。

大きさ 体長 24 〜 41cm
食べ物 果実、種子、卵、シロアリ、は虫類
生息環境 砂漠
分布 アフリカ北部

タヌキ
Nyctereutes procyonoides

秋になると大量に食べて、体重を1.5倍に増やす。その後、寒い冬の間はキツネやアナグマの古い巣穴に入りこんで冬眠する。

大きさ 体長 50 〜 60cm
食べ物 果実、鳥類、げっ歯類、魚類
生息環境 森林、川、小川、湿地帯
分布 ヨーロッパ、アジア

タイリクオオカミ
Canis lupus

パックとよばれる大きな群れで生活する。群れのなかまはさまざまな合図で情報を伝えあう。あげた尾やぴんと伸ばした脚は優位性、うなり声は敵意を表す。

- **大きさ** 体長1〜1.5m
- **食べ物** おもにシカ、ウサギ、げっ歯類
- **生息環境** 温帯林、山、ツンドラ
- **分布** 北アメリカ、グリーンランド、ヨーロッパ、アジア

タイリクオオカミは現在、世界中にいるイヌ全品種の祖先だ。

セグロジャッカル
Canis mesomelas

とても鋭い聴覚をもつ。無脊椎動物が出す音も聞き分ける。地下で昆虫が穴を掘る音を聞きつけるとすぐに掘り出して食べる。

- **大きさ** 体長45〜90cm
- **食べ物** 小型のは虫類、鳥類、無脊椎動物、腐肉
- **生息環境** 砂漠、草原、人間の居住地
- **分布** アフリカ東部、南部

イヌ
Canis lupus familiaris

イヌにはブラッドハウンド（写真）をはじめさまざまな品種がある。どの品種のイヌもすべてタイリクオオカミ種のイエイヌという亜種に含まれる。ブラッドハウンドは人間の約1万倍もはたらく鋭い嗅覚をもつ。

- **大きさ** 体長58〜69cm
- **食べ物** おもに肉
- **生息環境** 人間の居住地
- **分布** 極地以外の世界中

ディンゴ
Canis lupus dingo

オーストラリアに生息する野生のイヌ。オーストラリア大陸を自由にうろつき、現在では捕食者の頂点にいる。ヒツジなど家畜をおそうので害獣とされることが多い。ヒツジを守るためにフェンスをつくり、ディンゴを隔離している場所もある。長いフェンスになると数千キロにもおよぶ。

大きさ 体長 72〜110cm
食べ物 ワラビー、小型のカンガルー、ウサギ、げっ歯類、家畜
生息環境 森林、草原
分布 オーストラリア

腹側の色は薄い

コヨーテ
Canis latrans

7匹ほどの群れ（パックとよばれる）で生活するが、狩りをするときはたいてい単独または2匹で行動する。遠吠えや高い鳴き声などいくつかの声を使い分け、えものをしとめた後になかまをよび寄せたり、ライバルのパックを遠ざけたりする。

大きさ 体長 70〜97cm
食べ物 げっ歯類、ウサギ、トカゲ、果実、家畜
生息環境 森林、山、草原、ツンドラ、人間の居住地
分布 北アメリカ、中央アメリカ

ツキノワグマ
Ursus thibetanus

とても上手に木に登る。一生のうち半分以上を食べ物や休む場所をさがして森林ですごす。2本の脚でまっすぐ立ち、そのまま1km以上歩くことができる。クマにはめずらしい行動だ。

大きさ
　体長 1.3〜1.9m
食べ物　木の実、果実、葉、草、広葉草本、昆虫、甲虫の幼虫
生息環境
　森林、山
分布
　東アジア、南アジア、東南アジア

V字形の白い模様が胸にある

鋭いかぎ爪を使い木に登る

毛は濃い茶色が多いが、個体によって幅がある

ホッキョクグマ
Ursus maritimus

陸上最大の捕食者。おもにアザラシを狩る。白い毛のおかげで雪や氷にまぎれ、氷の上で休んでいるアザラシに忍び寄る。また、氷にあいた呼吸用の穴の近くで待ちぶせして、アザラシが顔を出したところを引きずり出してかみくだき息の根を止めることもある。

大きさ　体長 2.1〜3.4m
食べ物　おもにアザラシ
生息環境　極地、沿岸地帯、海
分布　北極海、カナダ北部

ヒグマ
Ursus arctos

卵を産むために川を上ってくるサケをおそうことがある。サケをつかまえると強力なあごでかみくだいたり、あるいは足でたたいたりして殺す。サケの中で一番栄養の豊富な部分（たとえば脳）だけを食べることが多い。

大きさ 体長2〜3m
食べ物 葉、果実、ベリー類、根、塊茎、昆虫、小型の哺乳類、魚類
生息環境 森林、林地、草原、山、半砂漠
分布 アジア北部

長いかぎ爪で食べ物を掘り出したり、すべりやすい魚をつかんだりする

ホッキョクグマの毛は実は白色ではなく、半透明の管。白く見えるのは1本1本が光を反射するから。

大きな足全体に体重がかかるので氷の上でもすべらない

肉食動物

夏と冬とで
毛の色を変える
**イヌ科のなかまは
ホッキョクギツネだけ**

ホッキョクギツネ
冬は純白の毛のおかげで雪とほとんど見分けがつかない。白い毛は捕食者から身を守る。また、えものからも見つかりにくいのでおそいやすい。春になり雪がとけると灰色または青色に変わる。

カリフォルニアアシカ
Zalophus californianus

小さな耳

高い知能をもち、新しいことを学習できる。水族館などではアシカのショーは人気だ。ボールを鼻にのせてバランスをとるなど、たくさんの芸を覚える。

大きさ 体長2.4m以下
食べ物 おもに魚類
生息環境 沿岸地帯
分布 アメリカ合衆国西部

バイカルアザラシ
Phoca sibirica

ロシアのバイカル湖にだけ生息する。バイカルアザラシの祖先は数十万年前に北極海から川を泳いでバイカル湖にたどり着いたと考えられている。

大きさ 体長1.2〜1.4m
食べ物 カジカ
生息環境 湖
分布 アジア東部

セイウチ
Odobenus rosmarus

食べ物をさがして100m以上の深さまでもぐる。海底の堆積物を鼻でひっかきまわし、口ひげを使ってえものをさがす。また口から水をふき出したり、前のひれ足で波を起こしたりして、かくれているえものを海底から追い出す。

大きさ 体長3〜3.6m
食べ物 ミミズ、甲殻類、巻き貝、エビ、魚類
生息環境 浅瀬、沿岸地帯、極地域
分布 北極海

セイウチは一度に6,000個ものアサリを食べることができる。

しわの多いざらざらの皮ふ

繁殖期になるとオスは長い牙でライバルと戦う

肉食動物

アライグマ
Procyon lotor

アライグマは食べ物にうるさくない。およそ何でも食べる。触覚のよく発達した前足を使って食べる前に確かめる。

大きさ 体長 40〜65 cm
食べ物 果実、小型の哺乳類、昆虫
生息環境 おもに林地、低木地帯
分布 北アメリカから中央アメリカ

シマスカンク
Mephitis mephitis

危険がせまると毛をふわふわにふくらませ、背中を丸めて尾をあげる。それでも相手がひるまないときは前足で立ち、体をひねり、尾の下の分泌腺からくさい液体を出す。

大きさ 体長 55〜75 cm
食べ物 昆虫、鳥類、魚類、軟体動物、果実
生息環境 森林、人間の居住地
分布 北アメリカ、中央アメリカ

レッサーパンダ
Ailurus fulgens

ジャイアントパンダと同じくレッサーパンダもおもに竹を食べる。ところがジャイアントパンダが根以外のすべてを食べるのに対して、レッサーパンダは一番やわらかい芽と葉だけを食べる。レッサーパンダは食べ物をさがして食べる行動に1日13時間を費やす。

大きさ 体長 50〜64 cm
食べ物 おもに竹。果実、甲虫の幼虫、小型のは虫類、鳥類の卵、ニワトリ、小型の哺乳類も
生息環境 森林、山
分布 南アジアから東南アジア

白いしま模様のある背

イイズナ
Mustela nivalis

食肉目の中で一番小さい。おもにげっ歯類など小型の哺乳類を食べる。長くて細い体のおかげでげっ歯類の巣穴に簡単に入りこみおそうことができる。毎日、体重の半分ほどの量の肉を食べる。

大きさ 体長 11〜26cm
食べ物 おもにネズミ
生息環境 森林、山、草原、極地域
分 布 北アメリカ、グリーンランド、ヨーロッパ、アジア中部、東部、北部

冬になると毛は白くなり、うまく雪にまぎれこむ

肉食動物 | 105

マツテン
Martes martes

とても器用に木によじ登る。枝の上ではふさふさの尾でバランスをとる。すばやく木に登るが狩りはたいてい地上でする。

大きさ 体長 40 〜 55 cm
食べ物 げっ歯類、鳥類、昆虫、果実
生息環境 温帯林、針葉樹林
分布 ヨーロッパ、アジア西部、北部

オオカワウソ
Pteronura brasiliensis

アナグマ
Meles meles

6匹ほどの群れ（クランとよばれる）をつくる。クランには優位なオス1匹、メスが数匹、子が含まれる。クランはセットとよばれる複雑につながった地下トンネルでいっしょに生活する。

大きさ 体長 56 〜 90 cm
食べ物 おもにミミズ
生息環境 温帯林
分布 ヨーロッパからアジア西部

ラッコ
Enhydra lutris

冷たい水の中で生活する。全身が毛でびっしりおおわれる。成体の毛の数は8億本以上もある。毛は体表に近いところで暖かい空気をとらえ、体を暖かく保つはたらきをする。

大きさ 体長 55 〜 130 cm
食べ物 カニ、二枚貝、ウニ
生息環境 沿岸地帯、海
分布 北太平洋

絶滅危惧種

オオカワウソは南アメリカの頂点捕食者の一種。おもに魚などの水生動物をおそう。とてもよい視力でえものを見つけると、追いかけて力強い前足でつかまえ、頭から食べる。

大きさ 体長 1 〜 1.4 m
食べ物 魚類、カニ、エビ、水生昆虫
生息環境 熱帯雨林、湿地帯、川、小川
分布 南アメリカ

クズリ
Gulo gulo

寒冷地に生息する。冬の食べ物は凍った死体。強いあごと大きな歯で凍った肉や骨を砕いて食べる。

大きさ 体長 65 〜 105 cm
食べ物 シカ、野ウサギ、ネズミ、鳥類、鳥類の卵、腐肉、果実
生息環境 森林、山、極地域
分布 カナダ、北アメリカ北西部、ヨーロッパ北部、アジア北部、東部

食べ物をさがして、1日に50km移動する。

絶滅危惧種

肉食動物

フォッサ
Cryptoprocta ferox

マダガスカル（アフリカ大陸の南東の沖合にある島）の頂点捕食者。とても上手に木に登る。尾でバランスをとりながら木から木へ移動する。昼間も夜間も狩りをする。昔はキツネザルをおそっていたが、現在はすきがあれば家畜もおそう。

大きさ 体長60〜76cm
食べ物 おもにキツネザル
生息環境 熱帯林
分布 マダガスカル

シママングース
Mungos mungo

ヨーロッパジェネット
Genetta genetta

夜行性。灰色の毛に黒い斑点が混じり、尾には黒と灰色のしま模様がある。メスは1年に2回出産し、1回につき4匹ほどの同腹仔を産む。子はしゃっくりのような音を出して母親とコミュニケーションをはじめる。

しま模様のある長い尾

20匹ほどで群れをつくり生活する。1年に約4回出産する。同じ群れのメスは同じ日か、その前後に出産することが多い。なかまが食べ物をさがしに出かけているときは、たいてい残ったオスが子の面倒を見る。

大きさ 体長 30 〜 45cm
食べ物 昆虫、鳥類、鳥類の卵およびヒナ、カタツムリ、果実
生息環境 サバンナ
分布 サハラ砂漠以南のアフリカ

ミーアキャット（スリカータ）
Suricata suricatta

20 〜 40匹で群れをつくり生活する。1匹または数匹が盛り土や茂みに立ち、近くに危険はないか見張りをする。見張り番はえさをさがしに出かけるなかまといっしょに行動する。なかまが食べているときは絶えずあたりを警戒し、おそってきそうな動物を見つけるとほえて危険を知らせる。

大きさ
体長 25 〜 35cm
食べ物
おもに昆虫、クモ、小型のは虫類
生息環境 砂漠、半砂漠
分布
アフリカ南部

2本の後ろ脚で立つので遠くまでよく見わたせる

大きさ 体長 40 〜 55cm
食べ物 小型の哺乳類、鳥類、甲虫の幼虫、果実
生息環境 森林、サバンナ、農場
分布 アフリカ、ヨーロッパ南西部

肉食動物 | 109

イエネコ
Felis catus

イエネコは
ヤマネコとい
う種の亜種。
シャム（写真）を
はじめすべての品
種のネコはイエネコの
なかまだ。1万年ほ
ど前に中東で最初の
イエネコが誕生した。

大きさ　体長 35 〜 50cm
食べ物　おもに肉
生息環境　人間の居住地
分布　極地以外の世界中

サーバル
Leptailurus serval

耳が大きい。動物の動く音を鋭い聴覚で聞きつける。えものを見つけると力強い前足でジャンプしておそいかかる。空中を飛ぶ鳥に飛びついてつかまえることでも知られる。

大きさ　体長 60 〜 100cm
食べ物　げっ歯類、鳥類、魚類、カエル、大型の昆虫
生息環境　草原、湿地帯
分布　サハラ砂漠以南のアフリカ

マーゲイ
Leopardus wiedii

ほとんどの時間を木の上ですごす。後ろ足を外側に回転させ、後ろ足で木をつかんで頭から降りることができる、ネコ科で唯一の種。

大きさ　体長 46 〜 79cm
食べ物　小型の哺乳類、小型の鳥類、甲虫の幼虫、クモ
生息環境　熱帯林
分布　北アメリカ南部、中央アメリカ、南アメリカ

毛の模様のおかげで木の陰の中にうまくまぎれこむ

首が長いことから英語ではGiraffe cat（キリンネコ）ともよばれる

ボブキャット
Lynx rufus

1匹で生活する。なわばりは数キロメートルにも広がり、同じ性別のボブキャットのなわばりとは重ならない。

大きさ 体長65〜110cm
食べ物 おもにウサギ、ほかの哺乳類、鳥類
生息環境 森林、砂漠、林地
分布 北アメリカ、メキシコ

カラカル
Caracal caracal

体は小さい。走るのが速く、すばしこい。地上から3mほど跳び上がり、飛んでいる鳥をつかまえることができる。同じくらいの大きさのネコ科の中では一番速く走り、小型のレイヨウや野ウサギなどを追いつめる。

大きさ 体長60〜91cm
食べ物 小型の哺乳類、家畜
生息環境 低木地帯、砂漠、山
分布 アフリカ、アジア南部

ライオン
Panthera leo

オスには長くてふさふさしたたてがみがある

ネコ科動物の中で群れで狩りをするのはライオンだけ。狩りはおもにメスの仕事だ。えもののあとをこっそりつけて、十分近づいてからおそう。おそったあとは数分以内に息の根を止め、まずメスが食べはじめるが、オスが現れるとゆずる。

大きさ 体長 1.7〜2.5m
食べ物 シマウマ、インパラ、ヌーなど大型の哺乳類
生息環境 森林、サバンナ、砂漠
分布 アフリカ、インド北西部

トラ
Panthera tigris

絶滅危惧種

大型ネコ科動物の中でも一番大きい。成体のオスの体重は300kgにもなる。それでも驚くほどすばやくえものを追いかける。10mも跳躍できる。

大きさ 体長 1.4〜2.8m
食べ物 おもにシカ、イノシシ
生息環境 森林、山
分布 アジア南部、東部

ジャガー
Panthera onca

大型のネコ科動物。かむ力がとても強く、変わった方法でえものを殺す。多くのネコ科のように窒息死させるのではなく、頭蓋骨にかみつく。カメをおそう場合は大きな犬歯でこうらをかみ切る。

大きさ 体長1.1〜1.9m
食べ物 シカ、バク、ペッカリー（イノシシに似た哺乳類）
生息環境 熱帯雨林、湿地帯、草原
分　布 中央アメリカ、南アメリカ

ピューマ
Puma concolor

長くて力強い後ろ脚を使って軽々とジャンプする。高さ5m、幅6mくらいは跳躍できる。

大きさ 体長 1.1〜2m
食べ物 小型の哺乳類
生息環境 森林、山、砂漠、草原
分布 北アメリカ、中央アメリカ、南アメリカ

ユキヒョウ
Uncia uncia

絶滅危惧種

大型のネコ科動物。長い尾を使ってバランスをとる。寝るときは足と顔を尾でおおい、いてつくような風から身を守る。

大きさ 体長 1〜1.3m
食べ物 野生のヒツジ、ヤギ、マーモット、ナキウサギ、野ウサギ、鳥類
生息環境 山
分布 アジア

チーター
Acinonyx jubatus

生後 13 〜 20 か月で母親のもとを去る。兄弟はコアリションとよばれる小さな集団をつくり、いっしょに生活しつづけることもある。メスはたいてい 1 匹で生活し、交尾の期間だけオスとすごす。

大きさ 体長 1.1 〜 1.5m
食べ物 ガゼルやアンテロープなどの有蹄類
生息環境 砂漠、草原
分 布 アフリカ、アジア西部

えものにいっきに近づくまでに要する時間はわずか 60 秒。チーターは陸上で一番速い哺乳類だ。

ユキヒョウはほえない。
シューという声やうなり声を出して
コミュニケーションをとる

ユキヒョウ ユキヒョウは寒い地域の岩だらけの山に生息する。体も生息環境によく適している。灰色の長い毛は体を暖かく保ち、灰色の岩場にうまくまぎれこませる。幅広い足の裏には毛がたくさん生え、冷たくてすべりやすい斜面でも難なく歩ける。

アードウルフ
Proteles cristata

ほかのハイエナのように大型の動物をおそうのではなく、地面の上のシロアリを粘着力のある長い舌でなめとる。1日に30万匹のシロアリを食べる。

大きさ　体長67cm
食べ物　おもにシロアリ
生息環境　低木地帯、砂漠
分　布　アフリカ東部、南部

シマハイエナ
Hyaena hyaena

死んだ動物や腐りかけた死体を食べる動物を腐食動物という。シマハイエナは腐食動物の代表といえる。死体や、ほかの動物の食べ残した死体を食べる。シマハイエナの消化器系はとても強く、皮ふや骨、歯やひづめも消化する。

大きさ　体長1.1m
食べ物　おもに腐肉。果実や植物も
生息環境　草原、山、砂漠
分　布　アフリカ東部、西部、北部、アジア西部、南部

前足は後ろ足より大きい

ブチハイエナ
Crocuta crocuta

鳴き声を 14 種類も使い分けて、ときどきの感情を表現する。英語には Laughing hyena（笑うハイエナ）という別名もある。鳴き声のひとつが人間の笑い声に似ているから。

大きさ 体長 1.3m
食べ物 ほかの哺乳類、魚類、鳥類、腐肉
生息環境 サバンナ、山、砂漠
分布 サハラ砂漠以南のアフリカ

カッショクハイエナ
Parahyaena brunnea

群れで生活するが、狩りは 1 匹で行う。尾のつけ根にある分泌腺からどろりとした分泌液を出す。分泌液には、狩りのなわばりを区切ったり、群れのなかまに居場所を知らせたりするはたらきがある。

大きさ 体長 1.3m
食べ物 おもに腐肉。果物も
生息環境 サバンナ、砂漠、山
分布 アフリカ南部

肉食動物 | 119

奇蹄類

ひづめ（蹄）のある動物を有蹄類といい、ひづめの数が奇数の有蹄類は奇蹄目に分類されます。奇蹄目にはサイやバクやウマなど大型の草食動物が含まれます。

ここに注目！
守り

奇蹄類は体のさまざまな部分を使って捕食者から身を守る。

◀ウマは、向かってくる相手をひづめでける。

▲シロサイは角で自分の身を守る。

▲シマウマのしまはカムフラージュの役割を果たす。捕食者はしま模様のせいでシマウマを見つけづらい。

キャン
Equus kiang

アジアの高原に生息するウマ科動物の中では大きな方だ。一年の大半を寒い環境で生活するが、とくに冬になると赤茶色のふさふさの毛が生え、寒さから身を守る。

背に濃い色のしま

大きさ 体長 1.4〜1.5m
食べ物 草、スゲ（カヤツリグサ科）
生息環境 草原、砂漠、丘
分布 チベット高原

グレービーシマウマ
Equus grevyi

絶滅危惧種

腹部は白く、しまはない

小さな群れをつくる。群れのつながりはゆるやか。15km² におよぶなわばりをもつ。オスは7年間ほど同じなわばりにいる。繁殖期にほかのオスがなわばりに入ってきても追い出さない。メスはなわばりを越えて自由に動き回る。

大きさ　体長 2.5〜3m
食べ物　おもに草原
生息環境　草原、砂漠
分 布　東アフリカ

ウマ
Equus ferus caballus

ひづめは1本

人間は約9000年前に野生のウマを家畜化して以来、アラブ種（写真）をはじめいろいろな品種のウマをつくってきた。家畜となったウマは戦場、農耕や荷物を引く作業、長距離移動、牛追い、競馬などさまざまな場面で利用されてきている。

大きさ　体長 1.5〜1.6m
食べ物　草、葉、芽
生息環境　人間の居住地
分 布　熱帯雨林と極地以外の世界中

インドサイ
Rhinoceros unicornis

成体は頭から尾の先まで全身ががんじょうな皮ふでおおわれる。よろいのような皮ふに守られているおかげで、野生の捕食者からはめったにねらわれない。とはいえ病気で高齢のインドサイはトラのえじきになることもある。

大きさ　体長3.8m以下
食べ物　おもに背の高い草
生息環境　草原
分　布　アジア南部

シロサイ
Ceratotherium simum

サイの中で一番大きい。陸上でゾウの次に大きな哺乳類でもある。体重2,300kgにもなるが、とても速く走る。最高時速40km。走りながらすばやく向きを変えることもできる。

大きさ　体長3.7〜4m
食べ物　おもに草
生息環境　サバンナ
分　布　アフリカ東部、南部

マレーバク
Tapirus indicus

絶滅危惧種

ほかのバクと同じく、ゾウのように鼻で物をつかむことができる。枝や葉のかたまりに鼻を巻きつけ、口まで運ぶ。

大きさ 体長 1.8〜2.5m
食べ物 枝、葉、落ちた果実
生息環境 熱帯雨林
分布 東南アジア

後ろ足の指は3本

前足の指は4本

奇蹄類 | 123

偶蹄類

ひづめ（蹄）の数が偶数の哺乳類は偶蹄目に分類されます。偶蹄目にはさまざまな種類の哺乳類がいます。ブタ、ラクダ、シカ、キリン、レイヨウ、ヒツジ、ヤギ、ウシ、カバなど、その数は350種以上にもなります。

イノシシ
Sus scrofa

夜明けから夕暮れまで食べ物をさがして広い範囲を歩き回る。記憶力がよく、食べ物が豊富にある場所を覚えている。

大きさ　体長 0.9 〜 1.8m
食べ物　果実、種子、根、昆虫、トカゲ
生息環境　森林、湿地
分布　ヨーロッパ、アジア、アフリカ北部

カバ
Hippopotamus amphibius

英語名 Hippopotamus は「川のウマ」という意味のギリシア語に由来する。陸上で生活するウマのように、水中を優雅に動く。体は水より重いので、水に入っても浮くことなく川や湖の底に足をつけて歩く。目と鼻は頭の上部にある。頭の上部だけを水から出して水上のようすを見たり、呼吸をしたりする。

大きさ　体長 2.7m
食べ物　おもに草
生息環境　草原、湿地帯、川、小川
分布　アフリカ

イボイノシシ
Phacochoerus africanus

シママングースが体に乗ってきて、皮ふにいる昆虫を食べても追いはらわない。このときシママングースはイボイノシシの皮ふにいる寄生虫も食べる。イボイノシシはやっかいなダニをとってもらい、マングースはおいしい食べ物をいただくという関係が保たれている。

大きさ　体長 0.9〜1.5m
食べ物　草、地下茎
生息環境　開けた林地、サバンナ、低木地帯
分布　サハラ砂漠以南のアフリカ

4本の指

皮ふから分泌される赤い粘液は皮ふを湿った状態に保ち、天然の紫外線防止剤の役割も果たす

水かきのある4本の指

偶蹄類

グアナコ
Lama guanicoe

優位なオス、メス、子からなる群れで生活する。群れのなかまは危険を感じると高音の声で鳴き、逃げるようほかのなかまに知らせる。群れで走るときはたいてい優位なオスが一番後ろについてなかまを守る。

ぼさぼさに生えた厚い毛

2本指の足

大きさ　体長 0.9 〜 2.1m
食べ物　草、低木、地衣類、キノコ類
生息環境　山、草原、砂漠、森林
分布　南アメリカ

フタコブラクダ
Camelus bactrianus　絶滅危惧種

長い間、ほとんど飲まず食わずでも生きていける。食べ物を食べたときに二つのこぶに脂肪をためてあるからだ。食べ物が手に入らなくなると、こぶの脂肪をエネルギーに変え、体の活動を維持する。このようなしくみのおかげでフタコブラクダは過酷な砂漠を生き抜くことができる。

大きさ　体長 2.5 〜 3m
食べ物　草、葉、低木
生息環境　砂漠
分布　アジア東部

ジャワマメジカ
Tragulus javanicus

鉛筆のように細く、短い脚をもつ小型の偶蹄類。危険がせまると後ろ足で地面を踏みならす。この音に気づいたほかのオオマメジカも踏みならし返す。

大きさ　体長 30 〜 35cm
食べ物　葉、花、ほかの植物
生息環境　熱帯林
分布　東南アジア

あごののどに白い部分がある

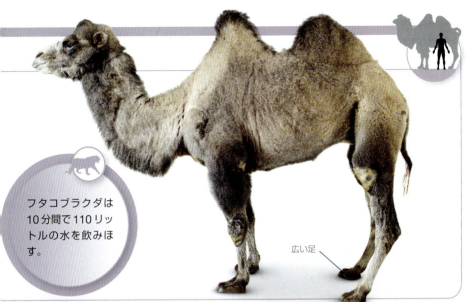

フタコブラクダは10分間で110リットルの水を飲みほす。

広い足

ヤマジャコウジカ
Moschus chrysogaster

絶滅危惧種

シカに似るが、マメジカと同じく枝角がなくシカ科ではない。オスの尻の近くにはにおい物質を出す腺（じゃこう腺）がある。におい物質（ムスク）は交尾相手を引きつけるために使われる。人間はヤマジャコウジカをつかまえ、ムスクを取り出し香水やせっけん用の香料、あるいは薬の原料として利用する。

大きさ　体長 70 〜 100cm
食べ物　草、低木、葉、芽
生息環境　森林、山
分　布　アジア南部

キリン
Giraffa camelopardalis

陸上で一番背の高い哺乳類。首がとても長い。ほかの有蹄類が届かない高い木の上の葉を食べる。オスどうしで戦うときにも首を使う。

首は長さ2mにもなる

大きさ 体長3.8〜4.7m
食べ物 おもにアカシアの葉、野生のアンズ
生息環境 乾燥サバンナ、開けた林地
分布 サハラ砂漠以南のアフリカ

1回の睡眠でぐっすり深く眠るのはわずか20分。

トナカイ
Rangifer tarandus

北極圏周辺に生息し、北アメリカではカリブーとよばれる。春になると50万頭もの巨大な群れをつくる。ツンドラで夏をすごすため4月には北に向かって移動する。冬になると小さな群れをつくり、暖かい地域を目指して南に向かう。

オカピ
Okapia johnstoni

キリンと近い関係にある。舌がとても長く35cmもある。舌で葉を巻き、口に運んで食べる。舌で目をなめて掃除もする。

大きさ 体長2〜2.2m
食べ物 葉、芽
生息環境 熱帯雨林
分布 中央アフリカ

大きさ 体長 1.2〜2.2m
食べ物 草、スゲ（カヤツリグサ科）、広葉草本、コケ類、地衣類
生息環境 北極圏、山、温帯林
分布 北アメリカ、ヨーロッパ、アジア

ヘラジカ
Alces alces

ヘラジカのオスの大きな枝角がすっかり生えるまでには約3〜4か月かかる。ほかのシカと同じく、繁殖期が終わると枝角は落ちて、次の繁殖期に向けて新しい枝角が生えはじめる。

大きさ 体長 2.5〜3.5m
食べ物 芽、茎、根
生息環境 森林、林地、湿地
分布 北アメリカ、ヨーロッパ、アジア

プロングホーン
Antilocapra americana

走るのが速く陸上の哺乳類の中では1、2を争う。ももと肩の筋肉が発達し、最高時速92kmで走る。速さだけでなく、この速さのまま長い時間を走り続けることができるので、オオカミなどの捕食者につかまりにくい。

大きさ 体長 1〜1.5m
食べ物 草、低木、サボテン
生息環境 草原、砂漠、山のふもと
分布 北アメリカ西部、中部

偶蹄類 | 129

アジアスイギュウ
Bubalus bubalis

絶滅危惧種

アジアの暑い地域で飼育されている家畜。1日の中で一番暑い時間は水や泥の中で休む。水や泥には体を冷やすと同時に、皮ふにいるハエや昆虫を取り除く効果もある。

湾曲した角

大きさ 体長 2.4〜3m
食べ物 草、葉
生息環境 草原、湿地帯
分布 アジア南部

ヤク
Bos mutus

全身をおおうぼさぼさの毛は2層になっている。外側は耐水性の高い長い毛で、防水のはたらきをする。内側の縮れた毛は空気をつかまえて保温のはたらきをする。

大きさ 体長 3.3m以下
食べ物 草、広葉草本、コケ類、地衣類
生息環境 草原、山
分布 アジア中部

ウシ
Bos taurus

1万500年ほど前に家畜化された。現在もウシは重要な家畜だ。テキサス・ロングホーン（写真）は昔はアメリカ合衆国で人気の品種だったが、最近ではあまり見かけない。

大きさ 体長 1.2〜1.5m
食べ物 おもに草
生息環境 人間の居住地
分布 熱帯雨林と極地域以外の世界中

アメリカバイソン
Bison bison

バイソンの子はたくさんの時間を闘争遊びをしてすごし、角を使った戦い方を覚えたり、角を強くしたりする。オスは成体になると群れを離れ、別の群れをつくる。繁殖期になるとライバルのオスと戦うためにもどってくる。オスはとても攻撃性が強く、頭をはげしくぶつけ合って戦う。

大きさ 体長 2.1〜3.5m
食べ物 草、スゲ（カヤツリグサ科）、植物
生息環境 山、森林、草原
分布 北アメリカ

ウォーターバック
Kobus ellipsiprymnus

ムスクのようなあぶらっぽいにおいを皮ふから放つ。においはほかのウォーターバックに対して居場所を知らせると同時に、捕食者にとってはウォーターバックを見つける手がかりになる。

大きさ 体長 1.3～2.4m
食べ物 草、葉
生息環境 サバンナ、林地
分布 東アフリカ

臀部に白い輪状の模様

セーブルアンテロープ
Hippotragus niger

オスは生まれてしばらくは栗色の毛におおわれる。成長するにしたがって黒くなる。メスは一生を通じて栗毛色から濃い茶色。

大きさ 体長 1.9～2.7m
食べ物 草、葉
生息環境 草原、サバンナ
分布 アフリカ東部から南東部

ブラックバック
Antilope cervicapra

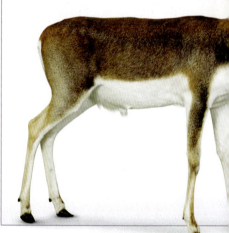

オリックス
Oryx gazella

ゲムズボックと
もよばれる。アフリ
カの暑くて乾燥した
地域に生息する。日中の
暑さをさけるために、夜や
夕暮れにだけ草を食べる。
昼どきには日陰に群れてう
ずくまる。

大きさ 体長 1.6 〜 2.4m
食べ物 草、低木、果実
生息環境 砂漠、草原、低木地帯
分布 アフリカ南西部

なわばりに近づくライバルに対して、オスは積極的に向かっていく。たいていは短時間のぶつかり合いだが、どちらかが屈するまで、何日もぶつかり合いが続く。

大きさ 体長 1.2m
食べ物 おもに草
生息環境 熱帯林、草原
分布 アジア南部

クリップスプリンガー
Oreotragus oreotragus

群れない。つがいでなわばりをつくり、なわばりの境界にはふんと粘り気のある黒い分泌液で印をつける。分泌液は目のくぼみの下にある腺でつくられる。

大きさ 体長 0.8 〜 1.2m
食べ物 おもに低木
生息環境 山
分布 アフリカ東部、中部、南部

粘度の高い分泌液を
つくる腺

トムソンガゼル
Eudorcas thomsonii

危険がせまると、何度も高く跳びはねながら逃げる。背を丸めて4本の足で着地する。このようなジャンプはストッティングともよばれ、追ってくる捕食者を驚かせ、混乱させる効果がある。

大きさ 体長 0.9〜1.2m
食べ物 おもに草
生息環境 草原
分布 東アフリカ

アルプスアイベックス
Capra ibex

山に生息するヤギ。アルプス山脈で群れをつくり生活する。オスは群れの中での地位をめぐってライバルと戦う。たがいに後ろ足で立ち上がり突進し、全身の力をこめ角を振り下ろして突き合わせる。

湾曲した太い角

大きさ 体長 1.2〜1.7m
食べ物 草、芽、つぼみ
生息環境 岩の多い開けた山
分布 アルプス山脈

ビッグホーン
Ovis canadensis

オスの角と、角以外の骨格の重さは同じくらい

二つに分かれたひづめの裏側はざらざらしている。このため岩だらけのがけや丘でも難なく登ることができる。すべりやすく険しい斜面を登ってくる捕食者はほとんどいないので、つかまることもない。

大きさ 体長 1.5〜1.8m
食べ物 おもに草
生息環境 山
分布 カナダ南西部、アメリカ合衆国西部、中部、メキシコ北部

偶蹄類

ヌー ヌーの群れは乾期になると食べ物や水を求めてセレンゲティ平原を移動する。途中、川幅の広いマラ川を渡らなければならない。川にはナイルワニが身をひそめて、ヌーがくるのを待っている。

アフリカのセレンゲティ平原では毎年およそ150万頭のヌーが壮大な大移動をする

クジラ類

クジラ目にはクジラ、ネズミイルカ、イルカが合わせて85種ほど含まれます。クジラ目は水の中で生活し、空気呼吸をする、少し変わった哺乳類のグループです。クジラ類の前肢はひれの形をしていて、進む方向を決めるはたらきをします。

ここに注目！
種 類
クジラ目は歯の有る無しで二つのグループ（亜目）に分けられる。

▲ヒゲクジラは歯のかわりに上あごからひげ板が生える。ひげ板はケラチンでできていて、海水からプランクトンなどの食べ物をこしとるはたらきをする。

▲ハクジラは歯を使ってえものをつかまえる。オキゴンドウ（写真）もハクジラのなかま。

コククジラ
Eschrichtius robustus

コククジラはヒゲクジラのなかま。英語名 Grey whale（灰色クジラ）は灰色の斑点模様に由来する。コククジラの頭部にはフジツボ、全身にはクジラジラミがくっついている。クジラジラミはクジラの皮ふ、傷ついた組織、体についているゴミを食べる。

大きさ 体長13〜15m
食べ物 環形動物、エビ、ヒトデなど無脊椎動物
生息環境 海
分 布 北太平洋

ホッキョククジラ
Balaena mysticetus

ハクジラのなかま。上あごが弓のように湾曲している。頭部の重さは体重の約3分の1。大きな頭を使って北極海の厚い氷を割る。

大きさ　体長 14〜18m
食べ物　甲殻類、魚類
生息環境　海、極地域
分布　北極海、亜北極海

ザトウクジラ
Megaptera novaeangliae

群れで狩りをすることが多い。数頭で魚の群れを囲み、1頭が泡を吐き出しながらまわりを回る。「泡の網」に魚がつかまったところをいっせいに大きな口で飲みこむ。

大きさ　体長 13〜14m
食べ物　おもにオキアミ、魚類
生息環境　沿岸地帯、海
分布　地中海、バルト海、紅海、ペルシア湾以外の世界中

絶滅危惧種

シロナガスクジラ
Balaenoptera musculus

地球上で最大の動物。食欲もとてつもなく旺盛だ。1日4,000kg以上の食べ物をひげ板でこしとる。だが、一年中同じ調子で食べているわけではない。食べるのは夏だけで、冬は食べないですごす場合もある。

大きさ　体長 20〜30m
食べ物　おもにオキアミ
生息環境　海
分布　地中海、バルト海、紅海、ペルシア湾以外の世界中

のどにはうねがある

バンドウイルカ
Tursiops truncatus

ポッドとよばれる群れで生活する。100頭以上でひとつのポッドをつくることもある。186種類もの音を使い分けて、ポッドのなかまどうしでコミュニケーションをとる。なかまに出会ったときは平たんな音を出す。移動のときは音を上げたり下げたりする。

大きさ 体長 1.9 〜 4m
食べ物 魚類、軟体動物、甲殻類
生息環境 沿岸地帯、海
分布 極地域以外の世界中

シャチ
Orcinus orca

オルカともよばれる。さまざまな方法を使って群れでえものをしとめる。流氷の上にいるアザラシを海に落とすために、いっせいに同じ向きに泳いで氷の下に大きな波を起こす。岸にいる子どものアザラシをつかまえることもある。

オスの大きな背びれ

大きさ 体長 5.5 〜 9m
食べ物 魚類、アザラシ、サメ、ほかのクジラ類
生息環境 沿岸地帯、海
分布 世界中

アカボウクジラ
Ziphius cavirostris

オスの下あごの先端には円すい形の小さな歯が一対突き出している。この歯を使ってかみついたり、交尾相手をめぐる戦いをしたりする。

大きさ 体長 7～7.5m
食べ物 おもにイカ
生息環境 海
分布 世界中の温帯および熱帯の海

アカボウクジラは深さ1,900mまでもぐることができる。

ライバルとの戦いや寄生生物によって受けた傷

マッコウクジラ
Physeter catodon

地球上で最大の歯のある動物。下あごには左右それぞれ20～26本の円すい形の歯がある。歯の長さは20cm。どの捕食者の歯よりも長い。

大きさ 体長 11～20m
食べ物 おもにイカ、タコ
生息環境 海
分布 北極海以外の世界中の深海

体全体の3分の1が頭

尾を使い前に進む

クジラ類

アマゾンカワイルカ
Inia geoffrensis

すべてのイルカには歯がある。アマゾンカワイルカは目がよく見えないので、反響定位を利用してにごった水の中でえものを見つけたり、進む方向を決めたりする。アマゾンカワイルカが出す高い周波数の音は水の中を進み、物や動物に当たってもどってくる。アマゾンカワイルカは受けとった反響からまわりの「景色」を思い浮かべる。

大きさ 体長2〜2.6m
食べ物 カニ、カメ、魚類、エビ
生息環境 湿地帯、川、小川
分布 アマゾン川、オリノコ川流域

イッカク
Monodon monoceros

牙は一生伸び続ける

イッカクはハクジラ亜目に属する。オスには大きな歯が1本ある。牙ともいう。長さは3mにもなる。牙を使ってメスにディスプレイしたり、繁殖期にはライバルのオスと戦ったりする。

大きさ 体長 4～4.5m
食べ物 魚類、軟体動物、甲殻類
生息環境 沿岸地帯、海、極地域
分布 北極海

ネズミイルカ
Phocoena phocoena

英語名 Harbour porpoise（港のイルカ）のとおり浅瀬を好み、港や入江によくいる。生息地では魚網にかかることが多いため数が減ってきている。海水の汚染も生息数の減少に影響を及ぼしている。

大きさ 体長 1.4～2m
食べ物 魚類、イカ、タコ、貝
生息環境 沿岸地帯、海
分布 北太平洋、北大西洋、黒海

三角形の背びれは少しサメに似ている

マイルカは通常は1分間に
3回しか呼吸をしない

マイルカ マイルカはポッドとよばれる大きな群れで生活をする。ポッドの大きさは数十頭から1,000頭まで幅がある。ジャンプしたり水をはねたりする姿がよく見られる。ホイッスル音やクリック音などさまざまな音を出す。

一番の記録

陸上で一番速い哺乳類

① **チーター**がえものをつかまえるときの最高速度は時速114km。

② **プロングホーン**は長い距離を時速92kmで全力疾走する。

③ **クォーターホース**は時速80〜88kmで駆ける。短距離走はウマの中で一番速い。

④ **オグロヌー**のすらりとした脚は捕食者から逃げるときには時速約80kmを出す。

⑤ **ライオン**は体重が約230kgもあるのに最高時速80kmでえものにせまる。

陸上で一番重い哺乳類

① **アフリカゾウ**のオスは陸上で一番重い哺乳類。体重6,000kgにもなる。

② **アジアゾウ**のオスは5,400kg。

③ **カバ**は3,200kg。皮ふだけでも500kgになる。

④ **マルミミゾウ**はゾウの中では一番軽いが、それでも約2,500kg。

⑤ **シロサイ**のオスは2,300kg。

水中で一番速い哺乳類

★ **イロワケイルカ**は時速56kmで泳ぐ。水生哺乳類の中では一番速い。

★ **イシイルカ**は時速55kmで波をたてながら泳ぐ。

★ **シロナガスクジラ**は短距離ならば時速50kmで泳ぐ。

水中で一番重い哺乳類

★ **シロナガスクジラ**の体重は15万kg。地球上で一番重い哺乳類だ。

★ **ホッキョククジラ**は体重8万kg。

★ **ザトウクジラ**は7万7,000kg。

いろいろな長さの記録

♦ 一番長い距離を移動する哺乳類
コククジラは毎年1万6,000～2万1,000kmを移動する。哺乳類の中では一番長く移動する。

♦ 一番長く歌を歌う哺乳類
ザトウクジラのオスは動物の中で一番長く歌を歌う。30分ほど歌い続ける。歌う目的はメスの気を引くため、ライバルのオスをおどすため、なかまを見つけるためと考えられている。

♦ 一番長い舌をもつ哺乳類
体の大きさに対する舌の長さが一番長い哺乳類は、チューブリップト・ネクター・バット。体の長さが5cm、舌の長さは8.6cm。

> 1970年、ザトウクジラの歌を集めたアルバムが発売され、ヨーロッパとアメリカ合衆国では売り上げが首位となった。

♦ 一番長生きする哺乳類
哺乳類の中ではホッキョククジラが一番長生きすると考えられている。200年を超える。

♦ 一番妊娠期間の長い哺乳類
ゾウの赤ちゃんは22か月間、子宮の中にいる。

♦ 一番長く冬眠する哺乳類
アルプスマーモット(リス科)は1年のうち約9か月を冬眠状態ですごす。活動するのは3か月だけ。

♦ 一番子どもの時期が長い哺乳類
オランウータンの子は15年間、母親にくっついて生活する。この間に熱帯雨林で生き残るすべを学ぶ。

そのほかの記録

- ミツユビナマケモノは**陸上で一番ゆっくり移動する哺乳類**。最高時速がわずか0.24km。

- キティブタバナコウモリは**一番小さな哺乳類**。体長29～33mmしかない。

- シロナガスクジラの**声は哺乳類の中で一番大きい**。800km離れた場所からも聞こえる。

- 人間は**一番大きな社会集団**をつくる。フィリピンのマニラでは1km^{2}に11万1,570人が住む。

- アフリカゾウは陸上の**哺乳類の中で一番力もち**。人間のおとな130人分よりも重い物を運ぶことができる。

- キリンは陸上の**哺乳類の中で一番背が高い**。世界で一番背の高い動物でもある。身長6mにもなる。

びっくり記録

けたちがいの感覚

★ フィリピンメガネザルの目の大きさは脳と同じくらい。目には夜にはたらく光受容体が30万個ある。

★ バンドウイルカは鋭い聴覚をもつ。周波数15万ヘルツの高い音も聞くことができる。人間は2万ヘルツまでしか聞こえない。

★ ほとんどのオオカミと同じくタイリクオオカミも嗅覚がとても優れている。タイリクオオカミの鼻にはにおいの受容体が2億5000万個もある。人間の鼻には約500万個。

★ 人間の舌には1万個の味蕾がある。甘味、苦味、酸味、塩味、うま味を区別できる。

★ ホシバナモグラは鼻にある2万5,000個の触覚受容体を使って、えものをさがす。

ホシバナモグラがえものを見つけつかまえて食べるまでにかかる時間は平均で0.23秒。

一番古い哺乳類

- トガリネズミに似た小さなモルガヌコドンは2億1000万年前に生きていた、最古の哺乳類の一種。は虫類の祖先と同じく二重のあご関節をもち、卵を生む。

- メガゾストロドンは1億9000万年前に生きていた。姿はモルガヌコドンに似る。現代のネズミやトガリネズミのように巣穴を掘り、走っていたと考えられる。先端が三角形で短い臼歯を使って昆虫を切り刻んでいたようだ。

- 卵を生むテイノロフォスは1億2500万年前に生きていた。現在の単孔類の原始時代の祖先。

- シマリスほどの大きさのシノデルフィスは約1億2500万年前に生きていた。最初の有袋類ととても近い関係にあると考えられている。手首、足首、前歯は有袋類と似るが、袋があったかどうかはよくわからない。

- ネズミほどの大きさのエオマイアは約1億2500万年前に生きていた。最初の有胎盤哺乳類と関係がある。

神話に登場する哺乳類

★ 古代エジプトではジャッカルの頭をもつ神**アヌビス**が死を司る一番重要な神とされていた。司祭が死の儀式をとり行うときにはアヌビスの面をかぶった。

★ ゾウの頭をもつ**ガネーシャ**はインドの神話に登場する、重要な神。あらゆる障害を取り除く「障害神」ともよばれる。インドで新しい仕事を始める前にはたいていガネーシャに祈りを捧げる。

★ ヨーロッパの神話にはオオカミの姿をした巨大な怪物**フェンリル**が登場する。いつの日かフェンリルが世界を破滅に導く運命にあることを知った神々によってフェンリルはしばりつけられた。

★ ギリシア神話によると**ネメアの獅子**は普通のライオンの10倍の力をもつ、巨大で恐ろしい生き物だ。どのような武器をもってしても傷ひとつ負わすことができず、逆にじょうぶなかぎ爪でどのようなよろいも切り裂かれてしまう。

宇宙に行った哺乳類

★ 1948年、アルバートという名の**アカゲザル**がV2ロケットに乗って宇宙に行った。宇宙旅行をした最初の動物だ。

★ 1951年、ヨリックという名の**サル**と11匹の**ハツカネズミ**を乗せたミサイルがニューメキシコ州のホロマン空軍基地から発射され、高度7万1,930mまで飛んだ。

★ 1952年、2匹の**サル**と2匹の**シロネズミ**を乗せたアメリカの小型ロケットが宇宙に向けて発射された。

★ 1957年、ソビエトの宇宙船スプートニク2号でライカという名の**犬**が地球のまわりを回った。世界で初めて地球を周回した動物だ。

映画に登場する哺乳類

★ 1992年のハリウッド・コメディ映画『ベートーベン』では人気の犬種**セント・バーナード**が登場した。

★ 1993年、**シャチ**を主人公にした映画『フリー・ウィリー』が上映された。人気の家族向け映画だ。

★ 1996年のハリウッド・コメディ映画『ダンストン・チェックス・イン』では**オランウータン**が主役を演じた。

★ 2003年の映画『オーシャン・オブ・ファイヤー』は、**アメリカの野生のウマ**が長距離を走る馬術競技で優勝を勝ちとる物語。

用語解説 ようごかいせつ

移動（どう） 渡りともいう。動物が食べ物や水や繁殖地を求めて長い距離を動くこと。季節の変化に伴うことが多い。

枝角（えだづの） シカの頭に生える骨でできた突起。

えもの 被食者ともいう。捕食者におそわれ、殺され、食べられる動物。

オキアミ ヒゲクジラのおもな食料源となる甲殻類。

科 生物を分類する目と属の間の段階。目に含まれ、近い関係にある属を含む。

塊茎（かいけい） ある種の植物の地下に発達した短くて太い地下茎または根。

海生哺乳類（かいせいほにゅうるい） 海の中または海の周辺で生活する哺乳類。

家畜（かちく） 人間に飼いならされ、人間の管理下で生活する動物。すべてではなく一部だけ管理されている場合もある。

花みつ 花のつくるあまい液体。

カムフラージュ 動物が皮ふや毛の色や模様によってまわりの環境にまぎれこみかくれること。

感覚受容体（かんかくじゅようたい） 動物の視覚、嗅覚、聴覚、味覚、触覚に対して重要なはたらきをする細胞。

器官 生物の体の中で特定のはたらきをする部分。心臓など。

寄生動物（きせいどうぶつ） 別の種の動物（宿主）の体表や体内で生活する動物。宿主を食べる場合もあるし、宿主の食べた物を食べる場合もある。宿主の体を弱らせ、殺す寄生動物もいる。

牙（きば） 哺乳類が口を閉じても口から突き出る歯。

臼歯（きゅうし） 平らで溝のある歯。縁が鋭くなっていることもある。たいていかみ砕くときに使われる。

血液凝固（けつえきぎょうこ） 血液がかたまり、傷口をふさぐ作用。

ケラチン ひづめやかぎ爪や多くの角をおおう物質。毛の成分でもある。

犬歯（けんし） 先のとがった歯。穴を開けたり、しっかりかんだりするときに使う。

甲殻類（こうかくるい） おもに水生の無脊椎動物の一種。二対の触角をもつ。

後肢（こうし） 動物の後ろ脚。

コロニー 同じ種の動物がいっしょに生活する集団。

昆虫（こんちゅう） 三対の脚、多くは二対の羽をもつ無脊椎動物。体は三つに分かれる。

細菌（さいきん） 1個の細胞でできた単純な生物。地球上でもっとも数の多い生物。

細胞（さいぼう） すべての生物をつくる基本となる小さな単位。

雑食動物（ざっしょく） 植物、動物を問わずいろいろなものを食べる動物。

サバンナ アフリカなど暑い地域に広がる草原。

湿地（しっち） 一年の大半が水につかっている土地。

社会 同じ動物種どうしが集まって生活する組織的な集団。

種（しゅ） ほかの個体とたがいの繁殖力のある子をつくることのできる生物のグループ。

消化 食べ物を体が吸収して利用できるように、小さな粒子に分解する作用。

植物食動物 植物を食べる動物。

進化 生物が世代を重ねながら、まわりの環境により合うように変化していくこと。進化にはたいてい数百万年かかる。

針葉樹（しんようじゅ） 球果をもつ植物。マツやモミなど。ほとんどが常緑樹で、葉は単葉。

水生哺乳類（すいせいほにゅうるい） 水中や水場の近くに生息する哺乳類。

生殖（せいしょく） 生物が自分と同じ種の生物をつくること。

脊椎動物（せきついどうぶつ） 脊椎のある動物。

絶滅（ぜつめつ） 植物種や動物

150 ｜ 哺乳類

種が死に絶えること。フクロオカミは絶滅した。

前肢（ぜんし）　動物の前脚。

草食動物　植物食動物の中でとくに草を食べる動物。

属（ぞく）　同じ特徴をもつ種を含むグループ。

タイガ　ユーラシア大陸北部に広がる針葉樹林。

胎盤（たいばん）　多くの哺乳類のメスの体内に一時的にできる器官。母親と子宮内にいる子は胎盤を通じて栄養分や老廃物の交換をする。

超音波（ちょうおんぱ）　人間は聞くことのできないとても高い周波数の音。

角（つの）　ある種の有蹄類の頭に生える骨でできた突起。枝分かれせず、先端はとがり、表面はケラチンでおおわれる。

ツンドラ　極地域との境目や山頂近くに広がる木の生えない荒れた地域。

低木地帯　低木や草の生い茂る環境。

適応（てきおう）　動物が環境の中で生きのびるために備えている特徴。

同腹仔（どうふく）　哺乳類のメスから同時に生まれた子。

冬眠（とうみん）　食べ物が手に入らなくなる寒い時期に、動物が心拍数と体温を下げ、活動しなくなること。

なわばり　1匹の動物または動物の集団が占有する区域。同じ種のほかの個体や同じ性の個体は追い出される。

軟体動物（なんたいどうぶつ）　体のやわらかい無脊椎動物。カタツムリなど。多くはかたいからで守られる。

肉食動物（にくしょくどうぶつ）　食肉目に属する哺乳類。イヌやネコなど。おもに肉を食べる動物を意味することもある。

乳腺（にゅうせん）　哺乳類のメスにある分泌腺。子にあたえる乳をつくる。

妊娠期間（にんしんきかん）　交尾してから出産するまでの期間。有胎盤哺乳類や有袋類は妊娠期間中に母親の子宮の中で成長する。

排泄腔（はいせつこう）　卵生哺乳類の臀部にある穴。卵を生むときと、排泄物を出すときに使われる。

反響定位（はんきょうていい）　エコロケーションともいう。イルカやコウモリが進行方向を決めたり、えものを見つけたりするときに使う方法。音信号を出して、はね返ってくる反響を聞いて判断する。

繁殖（はんしょく）　子を生むこと。

ひげ板　ヒゲクジラの上あごに生えるブラシのような板状の器官。ひげ板には水から食べ物をこしとるはたらきがある。

ひづめ　有蹄類の足の先の角質でおおわれた部分。

泌尿器系（ひにょうきけい）　体から液体の老廃物を取り除くためにはたらく器官の集まり。

ひれ足　クジラなど水生哺乳類にある、櫂の形をした前肢。

腐食動物（ふしょくどうぶつ）　死んだ動物や腐りかけた動物を食べる動物。

腐肉（ふにく）　死後しばらくたった動物の死体。

分泌腺（ぶんぴつせん）　におい物質など目的をもつ特定の物質を出す器官。

分類　生物を特定してグループに分ける方法。

捕食者（ほしょくしゃ）　ほかの動物をおそい、殺し、食べる動物。

無脊椎動物（むせきついどうぶつ）　脊椎をもたない動物。

目（もく）　近い関係にある科を含むグループ。

門歯　口の前にある歯。たいていかんだり、かじったりするのに使われる。

夜行性動物（やこうせいどうぶつ）　日中は休み、夜になると活動を始める動物。

有蹄類（ゆうているい）　ひづめのある哺乳類。有蹄類は奇蹄類（ひづめの数が奇数。シマウマなど）と偶蹄類（ひづめの数が偶数。ブタなど）に分かれる。

幼虫（ようちゅう）　卵からふ化した多くの昆虫や無脊椎動物の未成熟な状態。ミミズのような外観が多い。

索 引 さくいん

【あ】

アイアイ 72
アカウアカリ 75
アカカンガルー 29, 36
アカギツネ 95
アカクビヤブワラビー 14
アカゲザル 149
アカシカ 13
アカボウクジラ 141
アカホエザル 74
アザラシ 94, 102
アジアスイギュウ 130
アジアゾウ 52, 146
アシカ 9, 102
アードウルフ 118
アナウサギ 61
アナグマ 106
アヌビスヒヒ 78
アフリカゾウ 52, 53, 146, 147
アフリカトガリネズミ目 15, 46, 47
アマゾンカワイルカ 142
アマゾンマナティー 51
アメリカアカオオカミ 17
アメリカナキウサギ 60
アメリカバイソン 131
アメリカマナティー 51
アメリカモモンガ 63
アメリカン・オポッサム 30
アメリカンビーバー 65
アライグマ 104
アラゲアルマジロ 57
アリクイ類 58, 59
アルパカ 15

アルプスアイベックス 134
アルプスマーモット 147
アルマジロ類 56, 57
アンテロープ 132
アンブロセタス 7
イイズナ 105
イエネコ 110
イシイルカ 146
イッカク 143
イヌ（犬） 44, 94, 96, 97, 149, 151
イヌ科 100
イノシシ 124
イボイノシシ 125
イルカ 5, 13, 43, 138, 140, 142-146, 148
イロワケイルカ 146
インドサイ 123
ウオクイコウモリ 85, 89
ウォーターバック 132
ウサギコウモリ 84, 87
ウサギ目 15, 60, 61
ウ　シ 9, 124, 130
ウマ（馬） 45, 120, 121, 146, 149
エオマイア 148
エゾリス 62
エンペラータマリン 72
オオアリクイ 58
オオアルマジロ 56
オオカミ 8, 16, 17, 95, 96, 148, 151
オオカワウソ 106
オオコウモリ 84
オオツパイ 70

オオミミハリネズミ 91
オオヤマネ 63
オカピ 128
オキゴンドウ 138
オグロジャックウサギ 61
オグロヌー 146
オグロプレーリードッグ 63
オーストラリアオオアラコウモリ 85
オナガセンザンコウ 91
オブトスミントプシス 33
オポッサム 28
オポッサム目 14, 30, 31
オランウータン 17, 72, 80, 83, 147, 149
オリックス 133
オルカ 140
温血動物 4

【か】

海牛（カイギュウ） 50
海生哺乳類 50, 51, 150
ガゼル 10, 134
カッショクハイエナ 119
カ　バ 124, 146
カピバラ 66
カモノハシ 21-25
カラカル 111
ガラゴ 8, 73
カリブー 128
カリフォルニアアシカ 102
カリフォルニアオオミミナガコウモリ 86
カワイルカ 142
カワウソ 107

カンガルー　13, 27-29, 38
カンガルー目　14, 36-39
キタオポッサム　28, 31
キタリス　62
キツネ　95, 100, 101
キツネザル　12, 72, 73
キティブタバナコウモリ　147
奇蹄目　15, 120-123
キボシイワハイラックス　49
キミドリリングテイル　27
キャン　120
恐竜　6, 7
キリン　124, 128, 147
キリンネコ　111
キンモグラ類　46, 47
グアナコ　126
偶蹄目　15, 124-137
偶蹄類　151
クォーターホース　146
クジラ　5, 7, 44, 138, 139, 146, 147, 151
クジラ目　15, 138-145
クズリ　107
クマ　4, 13, 98, 99
クマネズミ　62
クリップスプリンガー　133
グレービーシマウマ　121
クロカンガルー　38
クロカンムリシファカ　72
クロクモザル　74
クロサイ　16
クロヒョウ　43
穴居性動物　47
げっ歯目　15, 62-69
げっ歯類　45
ケノレステス目　14
ケープハイラックス　48

ゲムズボック　133
原猿　72
コアラ　28, 29, 36, 40
恒温動物（温血動物）　4
コウモリ　5, 84-89, 147
コウモリ目（翼手目）　15, 84-89
コククジラ　138, 147
コヨーテ　97
ゴリラ　17, 44, 72, 80
ゴールデンハムスター　15, 64, 65
ゴールデンライオンタマリン　77

【さ】
サイ　16, 120, 122, 146
雑食動物　9, 150
ザトウクジラ　139, 146, 147
サーバル　110
サバンナセンザンコウ　91
サル　72, 74-78, 148, 149
ジェネット　108
シカ　124, 150
シノコノドン　6
シノデルフィス　148
シファカ　72
シマウマ　11, 120, 121, 151
シマスカンク　104
シマハイエナ　118
シママングース　108
シマリス　9
ジムヌラ　90
ジムヌラ類　90
ジャイアントパンダ　18, 104
ジャガー　113
ジャコウジカ　127
シャチ　15, 140, 149
ジャッカル　96

ジャワマメジカ　126
ジュゴン　50
ジュゴン目　15, 50
ジュリアナキンモグラ　47
ショウガラゴ　73
食肉目　15, 94-119
植物食動物　9, 150
シルバーバック　80
シロイルカ　13
シロイワヤギ　12
シロガオサキ　75
シロサイ　120, 122, 146
シロテテナガザル　72
シロナガスクジラ　139, 146, 147
シロネズミ　149
スイギュウ　130
水生哺乳類　5, 7, 150
スカンク　104
スペインオオヤマネコ　17
スリカータ　109
スローロリス　73
セイウチ　103
脊椎動物　150
セグロジャッカル　96
セーブルアンテロープ　132
センザンコウ目　15, 90, 91
セント・バーナード　149
ゾウ　44, 52-54, 146, 147
草食動物　151
ゾウ目　15, 52-55
ソレノドン類　92

【た】
タイリクオオカミ　96, 148
タスマニアデビル　29, 33
タスマニアン・タイガー　16

タテガミオオカミ　95
タテガミヤマアラシ　67
タヌキ　95
単孔目　14, 24, 25
単孔類　21-25
チーター　10, 115, 146
チビフクロモモンガ　36
チビフクロヤマネ　37
チューブリップ・ネクター・バット　147
チンチラ　66
チンパンジー　8, 72, 81
ツキノワグマ　98
ツチブタ　15, 48, 49
ツチブタ目　15, 48
ツパイ目　15, 70
テイノロフォス　148
ディンゴ　97
テキサス・ロングホーン　130
デスマン　93
テナガザル　72
テングハネズミのなかま　46
テンレック類　46, 47
トウブハイイロリス　68
トガリネズミ目　15, 92, 93
トゲアリクイ　24
トゲバンディクート　35
トナカイ　128
トビカモシカ　9
ドブネズミ　62, 66
トムソンガゼル　134
トラ　11, 94, 112
ドリアキノボリカンガルー　39
ドルドン　7

【な】

ナガハシハリモグラ　25
ナキウサギ類　60
ナキガオオマキザル　76
ナマケモノ類　58, 59
ナミチスイコウモリ　86
ナミマウスオポッサム　30
軟体動物　151
ニオイネズミカンガルー　39
肉食動物　9, 94-119, 151
ニシゴリラ　80
ニホンザル　78
ヌー　136, 137
ネコ　94, 110, 151
ネコ科　110-114
ネズミ　62, 64, 66, 67, 149
ネズミイルカ　5, 138, 143
ノウサギ類　60
ノドチャミユビナマケモノ　59
ノルウェーレミング　64

【は】

ハイエナ　9, 118, 119
バイカルアザラシ　102
バイソン　131
ハイチソレノドン　92
ハイラックス目　15, 48, 49
パキセタス　7
バク　120, 123
ハクジラ　138
ハダカデバネズミ　67
ハツカネズミ　62, 149
ハナナガバンディクート　35
パナマスベオアルマジロ　56
ハネジネズミ目　15, 46, 47
ハムスター　9, 64
ハリテンレック　47
ハリネズミ目　15, 90, 91
ハリモグラ　14, 21-24
パンダ　18, 104
バンディクート　28
バンディクート目　14, 34, 35
バンドウイルカ　140, 147
ヒガシゴリラ　17
ヒガシシマバンディクート　35
ヒグマ　99
ピグミーウサギ　61
ピグミーツパイ　70
ピグミーマーモセット　77
ヒゲクジラ　138, 150, 151
被甲目　15, 56, 57
ビッグホーン　135
ヒツジ　124
ヒト（人間）　44, 72, 81, 148
ヒトコブラクダ　13
ビーバー　65
ヒヒ　45
ヒメアリクイ　58
ヒメキクガシラコウモリ　85
ピューマ　114
ヒョウ　9, 43, 94, 116, 117
ヒヨケザル　71
ヒヨケザル目　15
ヒヨケザル類　70, 71
ビルビー類　34
ピレネーデスマン　93
フィリピンヒヨケザル　71
フィリピンメガネザル　148
フェネックギツネ　95
フォッサ　13, 108
フクロアリクイ　32
フクロザル　76
フクロオオカミ　16, 151
フクロギツネのなかま　37
フクロテナガザル　78
フクロネコ　32

フクロネコ目　14, 32, 33
フクロミツスイ　39
フクロモグラ　34
フクロモグラ目　14, 34
フクロモモンガ　37
フサオネズミカンガルー　38
腐食動物　151
ブタ　124, 151
フタコブラクダ　126, 127
フタユビナマケモノ　58
プチハイエナ　119
ブッシュベビー　73
ブラックバック　132
ブラッドハウンド　96
フランケオナシケンショウコウモリ　84
プロングホーン　129, 146
フンボルトウーリーモンキー　74
ヘラジカ　129
ホシバナモグラ　93, 148
ホッキョクウサギ　60
ホッキョクギツネ　100, 101
ホッキョククジラ　7, 139, 146, 147
ホッキョクグマ　4, 13, 98
ポッサム　36
ボノボ　15
ボブキャット　111
ホモ・サピエンス　81
ボリビアリスザル　76

【ま】

マイルカ　144, 145
マウスオポッサム　28
マーゲイ　110
マッコウクジラ　141
マツテン　106

マナティー類　50, 51
マーモセット　77
マルミミゾウ　53, 146
マレーバク　123
マレーヒヨケザル　71
マングース　108
マンドリル　79
ミーアキャット　109
ミクロビオテリウム目　14
ミズオポッサム　31
ミズトガリネズミ　92
ミツユビナマケモノ　147
ミナミケバナウォンバット　37
ミミナガバンディクート　34
無脊椎動物　151
ムツオビアルマジロ　56
メガゾストロドン　148
メガネザル　72
メリアムカンガルーネズミ　64
モグラ　8, 148
モグラ類　92, 93
モモンガ　63
モルガヌコドン　148
モンキー　74

【や】

ヤギ　124, 134
ヤク　130
夜行性動物　151
ヤマアラシ　67
ヤマジャコウジカ　127
ヤマネ　63
有胎盤類　14, 15, 43-145
有袋類　14, 27-41
有蹄類　120, 151
有毛目　15, 58, 59
幽霊コウモリ　85

ユキヒョウ　114, 116, 117
翼手目　➡コウモリ目を見よ
ヨザル　76
ヨツメオポッサム　31
ヨーロッパアブラコウモリ　86
ヨーロッパオヒキコウモリ　87
ヨーロッパジェネット　108
ヨーロッパハリネズミ　90
ヨーロッパモグラ　93

【ら】

ライオン　112, 146
ラクダ　13, 124, 126
ラッコ　106
卵生の哺乳類　14, 21-25
リカオン　94
リス　9, 62, 68, 69
類人猿　15, 72
霊長目　15, 72-81
レイヨウ　124
レッサーパンダ　104
レミング　64
ロリス　72, 73

【わ】

ワオキツネザル　73
笑うハイエナ　119
ワラビー　29

謝　辞 しゃじ

Dorling Kindersley would like to thank: Monica Byles for proofreading; Helen Peters for indexing; Jessica Cawthra, Priyanka Kharbanda, Fleur Star, Saloni Singh, Vatsal Verma, Kingshuk Ghoshal, and Francesca Baines for editorial assistance; Chrissy Barnard, Pankaj Bhatia, Kanupriya Lal, Ira Sharma, Dhirendra Singh, Govind Mittal, and Philip Letsu for design assistance; Saloni Singh for the jacket; Pawan Kumar and Balwant Singh for DTP assistance; Surya Sarangi for picture research assistance; and Robert Dunn for pre-production.

The publishers would also like to thank the following for their kind permission to reproduce their photographs:

(Key: a-above; b-below/bottom; c-center; f-far; l-left; r-right; t-top)

2–3 Corbis: Cyril Ruoso / JH Editorial / Minden Pictures. **4–5 Corbis:** Theo Allofs (b). **5 Fotolia:** s1000rr (cra). **8 Getty Images:** Manoj Shah / The Image Bank. **9 Corbis:** Image Source (bl). **FLPA:** Winfried Wisniewski (b). **10 Corbis:** Mitsuaki Iwago / Minden Pictures. **11 Corbis:** Michele Burgess (b). **Dreamstime.com:** Ben Mcleish (tr). **12 Dorling Kindersley:** Thomas Marent (clb). **13 Corbis:** Theo Allofs (crb). **Dreamstime.com:** Luna Vandoorne Vallejo (cra); Vladimir Melnik (tl); Pascalou95 (clb). **16 Dreamstime.com:** Nico Smit (bl). **17 Corbis:** Jo Prichard / epa (t). **Dreamstime.com:** Monika Habicher (bc); Jean-edouard Rozey (bl). **18–19 Corbis:** Katherine Feng / Minden Pictures. **20 Getty Images:** Andrew Watson / AWL Images. **21 Corbis:** David Watts / Visuals Unlimited (bc). **22–23 Corbis:** David Watts / Visuals Unlimited. **22 Corbis:** D. Parer & E. Parer-Cook / Auscape / Minden Pictures (br). **23 Alamy Images:** Dave Watts (br). **Corbis:** Martin Harvey (tc); David Watts / Visuals Unlimited (c). **25 Photoshot:** Bruce Beehler (r). **26 Corbis:** Tobias Titz / fstop. **27 Ian Montgomery / Birdway.com.au** (bc). **28 Getty Images:** Carol Farneti Foster / Oxford Scientific (clb). **29 Corbis:** D. Parer & E. Parer-Cook / Auscape / Minden Pictures (tc, tr). **30 Corbis:** Pete Oxford / Minden Pictures (b). **31 Corbis:** SA Team / Foto Natura / Minden Pictures (br). **Getty Images:** Stephen J Krasemann / All Canada Photos (tr). **naturepl.com:** Luiz Claudio Marigo (bl). **32 Dreamstime.com:** Tamara Bauer (br). **32–33 Corbis:** Cyril Ruoso / JH Editorial / Minden Pictures (tc). **33 Dreamstime.com:** Callan Chesser (bl). **FLPA:** Martin B Withers (tr). **34 Corbis:** Mike Gillam / Auscape / Minden Pictures (bl); Martin Harvey (br). **35 Corbis:** Steve Kaufman (b). **Photoshot:** Daniel Heuclin (cl); A.N.T. Photo Library (cr). **36 Corbis:** Jean-Paul Ferrero / Auscape / Minden Pictures (tl). **37 Corbis:** Pete Oxford / Minden Pictures (tl). **Getty Images:** Visuals Unlimited, Inc. / Dave Watts (br). **38 Corbis:** Martin Harvey (br). **39 Corbis:** Gerry Ellis / Minden Pictures (b). **40–41 Corbis:** Shin Yoshino / Minden Pictures. **42 Getty Images**. **43 Getty Images:** Juergen & Christine Sohns / Picture Press (bc). **Dreamstime.com:** Bonita Cheshier (bc); Wouter Tolenaars (tr). **46 Corbis:** HO / Reuters (b). **47 Corbis:** Pete Oxford / Minden Pictures (t). **Getty Images:** Tim Jackson / Oxford Scientific (b). **49 Getty Images:** Juergen Ritterbach / Photodisc (br). **50 Dorling Kindersley:** David Peart (l). **51 Corbis:** Luciano Candisani / Minden Pictures (b); Chris Newbert / Minden Pictures (t). **53 Alamy Images:** imagebroker (b). **54–55 Corbis:** Martin Harvey. **56–57 Corbis:** Kevin Schafer (t). **58 Corbis:** Kevin Schafer (bc). **58–59 Fotolia:** Eric Isselée (b). **59 Corbis:** Gerry Ellis / Minden Pictures (r). **60 Corbis:** Christian Helweg / National Geographic Society (br). **Dreamstime.com:** Gatito33 (bl). **61 Corbis:** Steven Kazlowski / Science Faction (br). **Dreamstime.com:** Martha Marks (bl). **63 Corbis:** Joe McDonald (t). **64 Getty Images:** Michael & Patricia Fogden / Minden Pictures (bl). **68–69 Alamy Images:** David Chapman. **70 FLPA:** Frans Lanting (cr). **71 Photoshot:** Nick Garbutt (tr); Daniel Heuclin (b). **72 Dreamstime.com:** Lin Joe Yin (bl). **73 Corbis:** Thomas Marent / Minden Pictures (b). **74–75 Dorling Kindersley:** Jerry Young (b). **75 Corbis:** Thomas Marent / Visuals Unlimited (br). **Dreamstime.com:** Lukas Blazek (t). **77 Dreamstime.com:** Michael Lynch (br). **78 Corbis:** Eric and David Hosking (tr). **Dorling Kindersley:** Jamie Marshall (tl). **82–83 Corbis:** Kazuo Honzawa / Sebun Photo / amanaimages. **85 Corbis:** Stephen Dalton / Minden Pictures (br); Jean-Paul Ferrero / Auscape / Minden Pictures (bc). **86 Corbis:** Chase Swift (bc); Hugo Willocx / Foto Natura / Minden Pictures (br). **88–89 FLPA:** Christian Ziegler / Minden Pictures. **90 Dreamstime.com:** Mille19 (br). **Photoshot:** Photo Researchers (bcl). **91 Dreamstime.com:** Martinsevcik (tl). **FLPA:** Frans Lanting (cra). **Getty Images:** Nigel Dennis / Gallo Images (b). **92 Dreamstime.com:** Dmitry Zhukov (tr). **FLPA:** Gregory Guida (b). **93 Corbis:** Ken Catania / Visuals Unlimited (clb). **Photoshot:** Daniel Heuclin (bl). **100–101 Corbis:** Alaska Stock. **102 Corbis:** Konrad Wothe / Minden Pictures (bl). **103 Corbis:** Tim Davis. **106 Dreamstime.com:** Moose Henderson (b). **106–107 Dreamstime.com:** Jeanninebryan (b). **108–109 Corbis:** Ocean (b). **Dreamstime.com:** Nico Smit (t). **110 Getty Images:** Purestock (br). **112 Dreamstime.com:** Toneimage (b). **113 Corbis:** Tom Brakefield. **116–117 Corbis:** Daniel J. Cox. **118 Corbis:** Clem Haagner; Gallo Images (tl). **119 Dreamstime.com:** Nico Smit (b). **120 Dreamstime.com:** Lukas Blazek (br). **121 Dreamstime.com:** Vladimir Blinov (tr). **126 Photoshot:** Daniel Heuclin (br). **127 fotoLibra:** Jonathan Mitchell / Lightroom Photos (bl). **128 Dreamstime.com:** Vasiliy Vishnevskiy (l). **128–129 Dreamstime.com:** Sdbower (b). **129 Dreamstime.com:** Julie Lubick (r). **130 Dreamstime.com:** Jakub Cejpek (bl). **131 Getty Images:** Fotosearch (b). **133 Dreamstime.com:** Jean-marc Strydom (br). **135 Dreamstime.com:** Twildlife. **136–137 Dreamstime.com:** Roman Murushkin. **138 Dreamstime.com:** Verdelho (b). **142 Corbis:** Kevin Schafer / Minden Pictures. **144–145 Corbis:** Robert Harding Specialist Stock.

All other images © Dorling Kindersley

For further information see: www.dkimages.com